U0211068

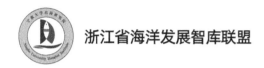
浙江省海洋发展智库联盟

浙江省重点专业智库宁波大学东海研究院自设课题（编号：DHST202302YB02）

沉积硅藻分布特征
及其环境意义

以福建敖江口为例

李冬玲　李　彤　张纪晖◎著

ZHEJIANG UNIVERSITY PRESS
浙江大学出版社
·杭州·

图书在版编目（CIP）数据

沉积硅藻分布特征及其环境意义：以福建敖江口为
例 / 李冬玲，李彤，张纪晖著. -- 杭州：浙江大学出
版社，2024．9. -- ISBN 978-7-308-25302-4

Ⅰ. P588.292.57

中国国家版本馆 CIP 数据核字第 2024QZ8571 号

沉积硅藻分布特征及其环境意义：以福建敖江口为例

李冬玲　李　彤　张纪晖　著

责任编辑	伍秀芳（wxfwt@zju.edu.cn）
责任校对	林汉枫
封面设计	雷建军
出版发行	浙江大学出版社
	（杭州市天目山路 148 号　邮政编码 310007）
	（网址：http://www.zjupress.com）
排　　版	杭州晨特广告有限公司
印　　刷	广东虎彩云印刷有限公司绍兴分公司
开　　本	710mm×1000mm　1/16
印　　张	9.25
字　　数	161 千
版 印 次	2024 年 9 月第 1 版　2024 年 9 月第 1 次印刷
书　　号	ISBN 978-7-308-25302-4
定　　价	78.00 元

前　言

　　河口海岸地带是陆地、河流与海洋环境之间的过渡区域,是地球上最具动态、最复杂的环境之一。河流在此处注入大海,外海通过潮汐、风暴等方式影响河口海岸环境,河流淡水与海洋的相互交汇使得这一区域物质交换过程复杂多变。丰富的营养物质使得该区域成为生产力最高的海洋生态系统之一,所孕育的水生生物群落在河口地区营养盐循环、碳氮循环以及水质净化等环境塑造方面扮演着至关重要的角色。因此,认识和揭示河口海岸地区的环境特征及其变化规律,对于区域生态环境保护与修复、资源开发与利用具有重要意义。

　　敖江河口海岸位于福建省连江县,地处浙闽东南沿海,东邻东海与台湾海峡。该区域高速率的沉积物记录了河流动力、洋流和极端气候事件等丰富信息,是重建沿海古环境变化的重要区域。目前,关于敖江口环境变化的研究主要集中在理化因子指标分析以及区域水体污染调查等方面。单一的理化因子指标只能反映采样瞬时的水体环境特点,无法充分反映长时间多因子综合影响下的水体环境特点,而生物指标正好可以弥补这一不足。硅藻作为河口海岸区域最主要的初级生产者,对环境因子响应十分敏感,并且在区域物质与能量传递中发挥着不可替代的作用。因此,以硅藻为研究工具,从硅藻生物群落结构与环境指标相结合的角度,综合研究河口海岸区域水体环境的演变,不仅能够弥补传统理化指标研究结果较为片面的缺陷,更能深入研究河口海岸生态环境内部结构,从本质上把握水体生态系统特征及其变化。

　　根据现代物种与环境的关系构建物种—环境转换模型,能够对关键环境变量进行有效的定量重建。在过去的几十年中,许多基于硅藻的转换函数模型已经得以开发,用来推断水体系统中的各类古环境变量。在淡水生态系统中,硅藻与环境变量(如温度、水深和水体富营养化等)的关系研究已取得了丰硕成果,并且基于硅藻的环境转换函数数据集已在欧洲、亚洲和南美洲等区域得以建立。在海洋生态系统中,海洋硅藻—环境转换函数也在重建海平面、海表温度和海冰范围等方面得到应用。尽管如此，作为陆海交界的河口海岸区域拥有更为复杂的环境特征，涉及的环境要素范围也更广泛，这使得河口海岸区域转换函数的开发与应用更具挑战性。

本书以福建省连江县敖江河口海岸为研究区域，分析表层沉积硅藻时空分布特征及其与环境变量的关系，确定影响敖江河口海岸区域硅藻组合的主要环境变量，建立河口海岸硅藻—环境转换函数模型，并将转换函数模型运用到沉积物岩芯之中以检验转换函数的可靠性。这为研究河口海岸硅藻与环境参数的关系及其时空分布特征提供新的生态学信息，有助于人们更好地理解河口和沿海生态系统，并为该区域的古环境研究提供前期基础。

本书共分为 6 章。第 1 章主要介绍了河口海岸的研究背景以及硅藻的研究现状。第 2 章介绍了研究材料采集方法、实验方法以及数据分析方法。第 3 章描述了敖江口环境变量分布特征、表层沉积硅藻分布特征及其与环境关系的研究结果。第 4 章分析了敖江口岩芯硅藻的分布情况以及岩芯沉积物的粒度特征。第 5 章介绍了构建硅藻—环境转换函数、函数可靠性检验以及古环境重建的过程。第 6 章为研究结论与总结。

本研究得到国家自然科学基金（批准号：42376236、42176226 和 41876215）、浙江省省属高校基本科研业务费专项基金（批准号：SJLY2020004）、浙江省重点专业智库宁波大学东海研究院自设课题（编号：DHST202302YB02）资助。

目　录

第 1 章

河口海岸硅藻研究进展

1.1 河口海岸环境概要

河口海岸一般是指河流的终点,是河流注入海洋的地方。根据区域内淡水径流、泥沙扩散和海水的最大影响范围,自陆向海可以将河口区划分为三部分:潮流界至盐水入侵界为进口段,盐水入侵界至涨落潮流优势转换界为河口区,涨落潮流转换界至径流泥沙扩散最外边界为口外海滨段[1],包括滨海滩涂、河口三角洲、潮间带、水下岸坡等。河口区是连接陆地和海洋的桥梁,同时受到岩石圈、水圈、大气圈和生物圈四个圈层的共同作用,是各类界面物质汇聚、转运和交换的地带。一方面,河流在这里注入大海,外海通过潮汐、风暴等方式同样影响着河口区环境塑造,淡水与海洋的交汇过程使得这一区域的物质交换过程复杂多变;另一方面,河流带来的丰富营养物质常滞留于河口区,使得该区域成了生产力最高的海洋生态系统之一,所孕育的水生生物群落在河口区营养盐循环、碳氮循环以及水质净化等环境塑造方面扮演着至关重要的角色[2]。因此,河口区的重要性首先体现在其拥有的丰富生物资源和生态功能上。河口区是生产力集中的焦点区域,以全球海洋 7% 的面积,提供了 25% 的海洋初级生产力、86% 的海洋渔获量以及 50% 的蓝色碳汇[3]。河口海岸区还是数百种潮间带生物的重要栖息地和觅食区域。以硅藻为代表的微体浮游植物是河口区水生生态系统的主要初级生产者,为河口区提供充足的氧气和食物来源以支撑其他生物的生长与繁衍。河口区亦是海陆之间的天然缓冲屏障,它能对沿岸河流带来的污染物进行一定程度的吸收净化。红树林等河口滩涂植物还能够缓冲来自海洋的台风等灾害对陆地的影响。与此同时,河口区往往是经济发达、人口集中、开发程度高、污染相对严重的区域。河口海岸区是过去数十年来全球经济发展,特别是中国经济快速发展的引擎带[4,5],而迅猛发展的经济和人类日益频繁的开发活动正形成越来越大的环境压力[4,6,7],越来越深刻地改变着河口水体环境的整体面貌[8]。

因此,认识河口并揭示河口海岸区环境的基本特征及其变化特点,对于区域资源保护与开发、生态环境修复等具有重要意义。对河口区的地貌演变、环境变化、区域保护和发展等问题的研究已经成为当前世界海洋科学研究的热点之一[6]。对河口区水体环境的研究,大致包括对理化因子的研究,如盐度、温度、溶解氧、氮磷有机营养盐、悬浮颗粒物、叶绿素等[7-9],以及对水生生物群落结构演变的研究,包括底栖动植物和浮游动植物等[2]。相比于理化因子,水生生物研究对解释河口区水体特征及其变化特点更具优势。理化指标只能测出瞬时的水体环境状况,无法得出综合的、一定时期内的水体环境变化特征。而从生态学观点出发,生物与环境的统一是生物与环境相互作用的结果,水体环境决定了生物种群组成和结构的特征,生物种群和结构的变化也可以客观反映水体质量的变化规律[10]。已有大量研究证实了水生生物群落结构对河口区水体环境具有良好的指示作用[11,12]。

在众多水生生物指标中,硅藻是认识河口区水体环境基本特征及其变化特征的一种有效工具。一方面,硅藻是河口区最主要的浮游植物,是海洋初级生产力的重要贡献者[13,14],也是海洋食物链的基础[15],其种类组成、种群结构和丰度变化会对海洋生态系统的结构和功能产生直接影响;另一方面,硅藻生长周期短,对温度、盐度[16]、pH等环境因子变化反应灵敏,因物理、化学及水动力条件的差异,其种类、数量以及组合特征都会有所不同[17],故可以作为有效指示水体环境特征的指标,在国内外被广泛运用于水体环境变化研究[18,19]。

1.2　硅藻与环境研究

1.2.1　硅藻研究现状

硅藻是一种单细胞自养型的低等藻类,最早出现在侏罗纪时期,个体微小,约$1\sim200\mu m$[20]。硅藻广泛分布于水体或者是潮湿的环境下,大约占全球初级生产量的80%。硅藻分布范围极广,能够适应各种各样的生态环境,不仅能生活在海洋或淡水河流、湖泊中,而且能生活在冰川地带、潮湿的土壤中或热带雨林的树叶上。硅藻在水中或单生,或群生呈链状、带状、辐射状等,可以浮游或底栖生活。依据不同的标准,可将硅藻分为若干大类:按温度可分为极地种、海冰种、北温带种、温带种、亚热带种、热带种、赤道种和广温种;按盐度可分为海洋种、半咸水种和淡水种;按硅藻的生活习性可分为浮游种、半浮游种和底栖种;按硅藻对 pH 的耐受度分为酸性种和碱性种等。目前已发现的硅藻种类约有 1.6 万种,其中淡水硅藻约 8000 种。在中国已见报道的淡水硅藻约4000 种[20,21]。

Okeden[22]根据英国威尔士内陆沉积物中发现海湾相硅藻的事实,认为该地过去属于海岸环境;Gregory[23]通过对苏格兰沉积物中海湾和湖泊硅藻的鉴定来分析过去海平面的变化。直至 20 世纪 20 年代,硅藻在古生态学中的应用才得到广泛认识。硅藻能够成为古生态学研究中的重要指标,是因为它拥有一层坚固、耐腐蚀的硅质外壳。硅藻细胞壳分为上下两层,主要成分为 SiO₂,与壳环带接合形成一个完整的硅藻细胞,称为壳体[24]。因硅藻细胞壳中含有大量的硅质,其坚固、耐腐蚀,埋藏在沉积物中可长时间存在,所以其组合特征可有效承载当时的环境信息,反映环境因子变化,例如湖泊水深、冰川范围乃至气候变迁等各个方面。随着硅藻生态学的迅速发展,硅藻在古生态学中的应用也逐步扩展到水体环境中的 pH、盐度、矿物质元素等环境因子的研究,并作为重要的生物指标广泛用于水质监测评价[25]、赤潮监测[26]、近岸生产力变化、环境变化预测等方面的研究。因此,硅藻不仅是现代水体环境研究中的重要一环,而且是揭开过去环境变化神秘面纱的有力工具。

硅藻在揭示河口海岸区域水体环境基本情况方面具有两大优势。首先,硅藻作为海洋的初级自养型生物,是河口海岸区域水生生态系统中的主要初级生产者。硅藻是河口海岸水生生态系统的中枢,其光合作用可提供地球 40%的氧气[20]。硅藻也是水生食物链中不可缺少的饵料食物,还可为其他生物提供重要的生存环境和栖息场所,是维持生态系统多样性的重要一环[20,24]。在我国黄河口[27]、辽河口[28]、长江口[29]、闽江口[30]、珠江口[31]等主要河口的浮游植物群落结构特征调查中,均发现硅藻是区域内的主要浮游植物,它们贡献了绝大部分的生产力。

其次,硅藻最重要的优点是能够迅速对水体环境的变化作出响应。这些响应表现为硅藻细胞形态、种群数量、种群结构及生理生化特性的变化[24]。硅藻是对环境极为敏感的一种微小生物,对生境要求比较高,对环境因子的耐受范围有限,一旦环境因子超出这个范围,硅藻的数量就会锐减[21]。李升峰[32]曾从生物演化的角度分析了硅藻对环境变化反应灵敏的原因,他认为作为低等植物的硅藻缺乏适应环境变化的生理机制,在自然界中其优势群落只能在相对稳定的环境中存在,硅藻往往通过短暂的生命史、极高的繁殖力以及在不良环境中休眠等方式来维持其物种的延续,如硅藻在数小时乃至更短的时间就可以完成一次繁殖过程。一旦环境条件发生变化,硅藻的生存和繁殖能力就会发生显著变化,从而迅速影响硅藻属种的组成和结构。硅藻死亡后,其壳体除经过分解、破坏、溶解过程而沉积以外,还有被浮游动物捕食之后包裹在其粪便中沉积的。因具有坚硬的硅质壳面,硅藻在沉积物中极易保存,并能充分反映活体组合的组成。正因如此,硅藻对环境变化的敏感性远远高于其他高等植物,因而硅藻的组合特征能更加准确有效地反映水体环境因子信息。

获取硅藻数据一般有以下几种途径:从水体上层收集浮游硅藻,从水体底部岩石中收集底栖硅藻,或者从表层沉积物中获取表层沉积硅藻。表层沉积硅藻是硅藻种群经海流迁移沉降、再悬浮、埋藏后的结果[33]。大量观测结果证实其空间分布特征对上层海洋环境仍具有重要的指示作用[34-36],可以与水体上层的营养盐、温盐环境、海流变化建立关系[37]。相较于浮游硅藻和底栖硅藻,表层沉积硅藻的空间分布特征更多反映了该区域水体在某段时间内的平均变化[37],因而在古环境研究中更具有研究价值。探究表层沉积硅藻与上层水体环境因子的关系是建立硅藻—环境因子转换函数从而揭示过去环境变化的关键步骤和重要基础。

1.2.2 硅藻与环境因子关系

硅藻对环境变化高度敏感,其生长分布受到多种环境因素的影响,如海水温度、盐度、pH、光照、浊度等;不同的硅藻群落和结构特征能够有效指示其所在的环境特征。

(1)盐度与硅藻生长的关系

盐度是影响硅藻群落结构时空变化差异的最重要的环境因子之一[38]。不同种类的硅藻对盐度的耐受性差异很大,依据这一特征可以对硅藻按生态意义进行分类。可以通过单个硅藻种对盐度的偏好进行分类。

硅藻的盐度分类系统最早是在 1927 年由 Kolbe 提出并用到海洋和河口组

合中的。随后,Hustedt 进行修改后将硅藻大体分为 4 个主要类型。①喜盐硅藻(Polyhalobous):该类硅藻在盐度大于 30% 的情况下适宜生长;②中盐硅藻(Mesohalobous):该类硅藻适宜生长的水体盐度为 2%～30%;③寡盐硅藻(Oligohalobous):该类硅藻适宜生长的水体盐度为 0.5%～2%;④嫌盐硅藻(Halophobous):这些硅藻适宜生长在盐度很低的淡水中。

喜好低盐度环境的硅藻称为淡水种,主要分布于河川径流、淡水湖泊中;喜好高盐度环境的硅藻称为海水种,主要分布于海洋中;对盐度高低并非特别敏感的硅藻称为半咸水种,在径流和海水交替影响的潮间带区域较为常见。例如骨条藻属(Skeletonema)的适宜生长盐度范围为 23～35ppt[39](1ppt=1‰),拟菱形藻属(Pseudo-nitzschia)的适宜生长盐度范围为 28.4～31.3ppt[40]。盐度主要通过影响硅藻水活度、细胞渗透压、营养物质吸收以及叶绿素等物质合成的方式影响硅藻生长。例如陈野鑫[41]在研究中发现低盐度和高盐度环境都会对威氏海链藻(Thalassiosira weissflogii)的生长产生抑制作用,高盐度会显著降低硅藻细胞叶绿素和类胡萝卜素的合成,低盐度也会降低类胡萝卜素的合成,且低盐和高盐环境都不利于糖类和蛋白质的合成。焉婷婷等[42]在研究披针舟形藻(Navicula lanceolata)应对盐度胁迫时发现,低盐和高盐环境都会造成硅藻细胞内部出现氧化损伤,从而抑制硅藻生长。

硅藻与盐度的关系在古环境领域已得到比较充分的研究。例如在古湖泊区域,长时间尺度的气候变化会导致区域降水和蒸发情况发生改变,从而显著改变湖泊盐度,这种气候导致的盐度变化则会清楚而准确地记录在湖相硅藻组合变化中[43,44];在古海岸区域,可以利用硅藻对盐度的适应情况,使用硅藻组合建立转换函数反演古盐度变化,从而追踪海平面变化、海岸线变迁等古海洋事件[16],还原气候变化特点。河口海岸区域是陆上径流与海水交汇的区域,自陆向海存在着天然的盐度梯度,因而盐度必然会成为影响河口区域硅藻生长分布的重要环境因子。

(2)温度与硅藻生长的关系

温度也是影响硅藻群落结构时空变化和分布差异的重要环境因子。温度主要通过影响硅藻细胞内酶的活性从而影响硅藻生长。在适宜的温度范围内,温度升高会加快硅藻细胞内的化学和酶促反应。但超出适宜的温度范围后,若温度继续上升,细胞内的蛋白质和核酸都会受到不可逆的损伤,使得硅藻迅速死亡;与之相反,当温度降低时,细胞内的新陈代谢速率会迅速减慢,发生"冻结",无法正常运输营养物质和产生质子梯度[45]。与高温不同,低温一般不会导致硅藻死亡,而是会让硅藻进入休眠状态,在低温状态下较长时间保存生活能力,并且产生细胞外聚合物(extracellular polymeric substances,EPS)等物质以降低外界环境的影响。同时,温度也会影响水体环境中各类营养物质和各类离子的溶解度、离解度等理化过程,从而间接影响硅藻的生长[46]。

大多数硅藻适合在5~40℃范围内生存,最适宜生长的温度为15~30℃。不同硅藻属种对温度的适应情况大不相同,可分为暖水种、冷水种、海冰种和广温种等。例如圆柱拟脆杆藻(*Fragilariopsis cylindrus*)和寒冷菱形藻(*Nitzschia frigida*)是典型的海冰种[47],主要生长在海冰覆盖的低温低光照环境中;结节圆筛藻(*Coscinodiscus nodurifer*)是典型的暖水种,是热带太平洋硅藻的主要种类,在我国南海广泛分布[48];菱形海线藻(*Thalassionema nitzschioides*)则被认为是一种世界性广布种,除南北两极外,自赤道到高纬地区海洋均有分布[49]。在河口海岸区域,由于研究区域经纬度跨度不大,一般区域内硅藻对温度的适应情况十分接近,温度更多以时间维度对硅藻生长及分布产生影响,主要体现在区域内一年四季海水温度的变化。

(3)光照与硅藻生长的关系

光是藻类生命活动的主要能量来源,光合作用是硅藻最基本、最重要的生理反应。硅藻利用光能驱动细胞内部活性酶进行光合作用,生成满足自身生长需要的有机物并释放氧气。除了影响光合作用速率,光照条件还会影响硅藻的营养吸收和转化。

光照主要通过光强和光色等方面对硅藻的生长产生影响。光强会直接影响光合作用的速率。硅藻的适宜光强范围为1000~7000lx[50]。在适宜范围内,光合速率随光照强度增强而加快。不同硅藻对光照强度的需要也有所不同,例如尖刺拟菱形藻(*Pseudo-nitzschia pungens*)和盔甲舟形藻(*Navicula corymbosa*)都属于适宜强光环境的硅藻,而东方曲壳藻(*Achnanthes orientalis*)属于适宜生长在弱光环境的硅藻[51,52]。中肋骨条藻(*Skeletonema costatum*)的适宜光照强度则和温度有关。该藻低温条件下适宜生长在弱光照环境中,高温条件下适宜生长在强光照环境[51]。光照过度对硅藻生长有害。当光照强度超过光合作用饱和点时,即使再增强光照,光合作用也不会增强,反而会损伤细胞内叶绿素酶的活性[53]。

光色是对光线颜色的描述,会影响硅藻的光合作用、细胞内部组成等。不同种类的硅藻对光色的敏感程度不同。例如王伟[54]在研究中发现中华盒型藻（*Bidduiphia sinensis*）在蓝光照射下生长速率要比红光快，叶绿素、蛋白质的合成速率高，而在红光照射下碳水化合物合成速率高。Wenderoth 和 Rhiel[55]以 Wadden 海的底栖硅藻为研究对象发现，在蓝光照射下，硅藻的垂直迁移达到最大值，同时硅藻丰度是白光照射下的 1.8 倍。

（4）pH 与硅藻生长的关系

pH 表示水体的酸碱度，它是水体中 H^+ 浓度倒数的对数值。天然水体环境中 pH 是比较恒定的，海水 pH 一般在 8.1～8.3，这主要取决于水体中无机碳酸盐的电离平衡。按照硅藻对 pH 的适应性，将其分为以下几类。

①喜碱硅藻（Alkalibiontic）：在 pH>7 的水体中生长；

②偏碱硅藻（Alkaliphilous）：在 pH～7 的水体中生长，但广泛存在于 pH>7 的水体；

③中性硅藻（Circumneutral）：在 pH=7 的水体中生长；

④偏酸硅藻（Acidophilous）：在 pH～7 的水体中生长，但广泛存在于酸性水体中；

⑤喜酸硅藻（Acidobiontic）：在 pH<7 的水体中生长，最佳 pH 约为 5.5 或者更低。

硅藻对水体 pH 变化的反应比较敏感。水体 pH 主要通过以下方式影响硅藻生长：影响水体中 CO_2 含量；影响呼吸作用中有机碳源的氧化效率；影响硅藻细胞代谢过程中酶的活性；影响水体营养物质溶解度理化过程；影响代谢产物的再利用和毒性等。大多数硅藻适合生长在 pH 为 7.8～8.2 的微碱性水体环境中[24]，不同硅藻属种生长适宜的 pH 范围不同，面对 pH 胁迫时，硅藻往往会采取特定对策。例如，陈长平等[56]对新月筒柱藻（*Cylindrotheca closterium*）的生长情况的研究发现，该属种适合在碱性环境中生长，其最适宜的生长 pH 为 8，低 pH 胁迫会促使硅藻细胞外聚合物（EPS）的积累，以缓和外界不利条件。目前，由于人类活动加剧导致大量营养盐的输入，以及大气 CO_2 含量增加等影响，河口及其近岸海域的硅藻更易受到多重因素导致的 pH 短时波动变化[57]。

（5）沉积物粒度与硅藻生长的关系

硅藻群落结构对沉积物粒度的响应如下：一方面，沉积物的粒径和分选性等特征可以指示水动力的强弱。沉积物粒度越粗,分选性越差,表明水动力越强,水体环境趋于不稳定,硅藻生存越难;沉积物粒度越细以及分选性越好,表明水动力越弱,水体环境稳定,硅藻易于生长。另一方面,硅藻和孢粉一样,壳体结构在颗粒较粗的沉积物中容易遭到破坏。沉积物粒径越粗,沉积物之间的空隙越大,越不利于硅藻的保存,而细沉积物则利于硅藻的保存。众多学者在研究中发现了硅藻与沉积物粒度之间的相关性。例如 Underwood[58]在研究中发现沉积物粒度的差异与底栖硅藻的生物量呈现强相关,细沉积物中硅藻丰度显著高于砂质粉砂或砂质类型。商志文[59]在研究中发现 *Amphora ovalis* 和 *Planothidium delicatulum* 对沉积物粒度具有指示作用。黎伟麒[60]结合渤海湾表层沉积硅藻的分布特点以及研究区地貌与粒度特征,划定了四组硅藻组合,并解释了各个硅藻组合所在区域的主要环境因子。王天娇[61]在金州湾的研究中发现表层沉积硅藻分布特征与沉积物粒度具有一定的关系,同时沉积物类型和粒度指示了所在区域水动力条件以及受径流和潮流影响情况,这些环境特点共同塑造了该区域硅藻的分布特征。

(6)其他环境因子与硅藻生长的关系

除了上述环境因子外,水体的电导率、浊度和溶解氧等环境因子也会对硅藻的生长和分布起到一定的作用。

电导率是对水体环境中包括钙、镁离子等的总溶解离子量的反映,表示水体中带电离子的多少。纯水的常温电导率小于 $0.05\mu s/cm$,天然水或地表水的电导率通常在 $100\sim1000\mu s/cm$,酸碱溶液的电导率可达 $1000ms/cm$。电导率是常用的重要水质监测参数之一。区域内的水体电导率一般保持恒定,电导率的增加可能意味着水体中可溶性营养物的增加,因此电导率有时候会被用作指示营养富集的简单替代指标。除了可以体现水体健康状况,电导率还可以作为水体盐度和总溶解固体物(toal dissolved solids,TDS)计算的基础,它们三者都在一定程度上指代水中溶解物的浓度,在指示意义上具有相互性。电导率是影响硅藻生长分布的因素之一[20,24,62]。许多学者研究发现电导率对硅藻群落组成有着重要的影响。如邓培雁等[63]应用典范对应分析和偏典范对应分析研究桂江流域影响底栖硅藻群落的因素时发现,电导率是影响硅藻群落结构的主要水质因素;羊向东等[64]在研究电导率对青藏高原湖泊硅藻分布的影响时发现,随着电导率的增加,硅藻由淡水组合 *Navicula clementis*、*Navicula pupla*、*Gomphonema truncatum*、*Achnanthes clevei* 等转变为适应于高盐度水体中生

长的 *Diatoma vulgalis*、*Nitzschia palea*、*Nitzschia constructa*、*Nitzschia subtile*、*Cymbella pusilla*、*Fragilaria pulchella*、*Surirella ovalis*、*Campylodiscus noricus* 等硅藻种群；黄迎艳等[65]在东江流域使用多元统计分析筛选出电导率是影响硅藻群落分布最大的环境变量，并成功建立了硅藻—电导率转换函数。

浊度是水体透明程度的量度，表示了水中无法溶解的悬浮物对光线透过的阻碍程度。水体的浊度是反映水质优劣的一个十分重要的指标，水中含有的泥土、粉砂、有机物、无机物、浮游生物和其他微生物等悬浮物和胶体物质都可使水体呈现浑浊。因此，浊度的大小与悬浮物的数量、浓度、颗粒大小、形状和折射指数等性质有关，体现了水体的光学性质。浊度在一定程度上可以指示水体营养化程度，浊度越高，富营养化程度越高，这是因为水体中含有大量的有机或无机碎屑可供藻类生长。浊度对硅藻的生长和分布具有一定的影响。最直接的影响是削弱了光照强度，从而影响了硅藻的光合作用。稍浑浊的水体对硅藻的生长无害甚至有利，但水体过于浑浊且流速过大，则会对所有藻类的生长都产生抑制作用[66]。

溶解氧是指溶解于水中的氧含量，是水质的重要指标之一。溶解氧高有利于水体中各类污染物质的降解，反之则不利于污染物质的降解。溶解氧主要来源于两部分：一部分来源于大气中的氧，当水中溶解氧不饱和时，通过水体与大气进行的水体交换，使得大气中的氧进入水体；另一部分是水生植物通过光合作用释放的氧气。通常情况下，水体中不断进行着的脱氧（有机物氧化降解消耗溶解氧）和复氧（溶解氧增加）过程使溶解氧可以维持动态平衡，但当工业废水和生活污水携带大量有机质进入水体时，水体的脱氧过程远超过复氧过程，从而导致溶解氧含量迅速下降，造成水生动物大量死亡。溶解氧含量在硅藻等浮游植物生长过程中起着重要作用。溶解氧含量升高在一定程度上指示了藻类大量繁殖，是水华产生的标志。溶解氧含量的变化还会促使区域内浮游植物群落结构发生变化。例如刑爽[67]使用多元统计分析方法分析了影响拉林河底栖硅藻时空分布特征的环境因子，结果表明电导率、浊度、叶绿素 a、流速、溶解氧、水温和氧化还原电位都具有显著影响。

1.2.3　硅藻在河口区域的应用

大部分研究样品取自硅藻保存较好的湖泊、大陆架和深海沉积物，但也有部分取自浅海区或者河口地区的沉积物。当前在河口海岸区域使用硅藻作为指示物的研究主要包括区域生态调查、水环境监测和定量古环境重建等。

区域生态调查内容包括硅藻属种组成及其时空变化特征。根据硅藻属种组成的差异,将各样品进行聚类组合;依据硅藻属种的生态指示意义,定性地研究硅藻在不同组合带中百分含量的变化。此类研究往往是基于前人对硅藻属种所包含的环境指示意义开展的定性研究,依照某几种特定属种的环境意义进行解释,通常具有空间尺度较大、分辨率较低的特点,而对于较小尺度、快速变化的环境研究缺乏足够的环境解释承载意义。

在河口水环境监测方面,由于硅藻对水体环境变化反应灵敏,不同属种对于氮磷营养盐、重金属、有机污染物等污染源的耐受性并不相同。相比于理化因子指标,硅藻指标能够综合体现各水体环境因子所产生的生态效应,能反映一定时期内的水质情况,因而可依据硅藻属种结构变化对研究区域内的水体健康状况进行定性分析。除此之外,当前以硅藻指数(diatom index)作为工具定量开展的水环境监测研究也十分常见。硅藻指数是使用水体中的硅藻种类数进行模型运算得到的生物指数,是一种生物评价指标体系,最早由法国研究者提出,其核心思想在于若两个不同区域的硅藻种群结构具有相似性,则两个区域的硅藻种群对环境因子的反应也具有相似性,因此可以使用一个区域建立的硅藻评价体系去评价另一个区域的水体环境。数十年来,不同学者根据自身的研究区域提出了数十种硅藻指数,并在国内外不同区域的推广研究中取得了很好的效果,著名的有 DES 指数(戴斯指数)、EPID 指数(富营养污染硅藻指数)、IBD 指数(生物硅藻指数)、IPS 指数(特定污染敏感指数)等。但是硅藻指数终究具有地理空间的局限性,即使硅藻种群具有相似性,但是不同区域水体环境错综复杂,因而不能直接使用某一种硅藻指数,在使用前要从众多硅藻指数中筛选,因地制宜找出最适合的评价体系。

近几十年来,随着计算机技术的发展以及各种数理分析方法的大量应用,定量研究表层沉积硅藻与温、盐等环境变量之间的关系成为可能。此类研究往往通过对比沉积物中的硅藻组合和现代的硅藻群落,观察不同硅藻种类随环境变量(如盐度、酸碱度、温度等)的变化构造转换函数,从而定量重建古地理、古环境变化。定量进行古环境重建的核心思想是将今论古原则,即当地层中埋藏的深层沉积硅藻属种组成与表层沉积硅藻属种组成类似时,可以认为该区域过去至现在的环境变化具有连续性,从而可以使用现代硅藻组合所承载的环境信息去指代过去硅藻组合所承载的环境。所以在开展定量古环境重建研究前,应同时采集表层沉积硅藻和现代环境因子数据,使用统计学方法寻找与物种分布相关性最强的环境因素,使用整个硅藻组合而非单个类群建立硅藻—环境因子转换函数模型,将模型对环境因子解释承载意义最大化,进而定量重建重要环境参数的变化特征,包括温度、盐度、氮磷营养盐等环境因子。这种方法受空间尺度限制较小,分辨率相对较高。

基于现代物种—环境关系的统计模型有效地利用了来自物种组合的生态数据,能够对关键环境参数进行定量估计[68]。在过去的几十年里,已经开发出许多基于硅藻的转换函数来推断湖泊和海洋环境的各类环境变量。在淡水生态系统中,硅藻与环境变量关系的研究如温度[69,70]、水深[71]和富营养化[72,73]已取得了丰硕成果,并且基于硅藻的环境传递函数数据集已在欧洲[74]、亚洲[75]和南美洲[76]等不同地区建立。海洋硅藻转换函数的研究也在重建海平面[77]、海表温度[78]和海冰范围[79]等方面得到应用。虽然海洋系统包括河口和海岸,但陆海界面区域的环境特征比海洋和湖泊的环境特征更明显,涉及的环境因素范围更广,这使得传递函数的开发更具挑战性[68]。目前国内利用定量分析的方法研究河口区古环境较少,仅在珠江口、长江口与闽江口有部分研究。有研究人员对闽江口表层沉积硅藻进行 CCA 分析后,结果表明盐度对硅藻属种变化具有最大解释量,在研究区划分出 4 个区,硅藻分布分别受到河口外沿岸水体影响、潮汐上溯海水入侵影响、潮汐与径流共同影响以及径流影响等。通过剔除异常站位及模型比选等手段,最终确定最优硅藻—盐度转换函数。同时,由于不同河口和沿海地区的环境特征和解释因素存在显著差异,目前国内对硅藻转换函数的研究和数据库的建立尚不完善。

1.3　研究内容与技术路线

福建敖江口是研究陆地、海洋、人类活动共同影响下河口海岸水体环境特征的良好区域之一。然而,对于敖江口水体环境的调查研究资料较为稀缺,目前主要集中于使用理化因子指标对该区域水体污染情况进行调查,如阮金山等[80,81]和徐建峰等[82]对敖江口水体重金属污染情况进行了调查,张丹丹等[83]对敖江下游至河口抗生素抗性基因分布特征进行了研究。使用理化因子指标只能反映采样瞬时的水体环境特点,无法反映长时间、多因子综合影响下的水体环境特点,而生物指标能够弥补这一不足。

　　本书以福建省敖江口及其近岸海域作为研究区域,通过鉴定 2020 年 10 月、2021 年 1 月、2021 年 4 月采集到的表层沉积物样品中的硅藻属种,并与收集的敖江口各月环境因子数据(包括盐度、表层海水温度、pH、溶解氧、电导率、溶解性固体物含量、浊度、氧化还原电位、沉积物粒度),以及采得的岩芯中的硅藻属种一起进行分析,主要从以下两大部分展开研究(图 1.1):①分析敖江口表层沉积硅藻时空分布特征、硅藻组合以及生产力分布特点;探讨敖江口水体环境因子时空变化特点,以及各因子对环境变化贡献的强弱;揭示敖江口表层沉积硅藻与环境因子之间的关系,找出影响硅藻分布最为显著的环境因子。②分析敖江口柱状岩芯 HK3 硅藻组合及其环境意义;建立硅藻—环境因子转换函数,使用岩芯中的硅藻属种以及现有环境因子数据验证转换函数的可靠

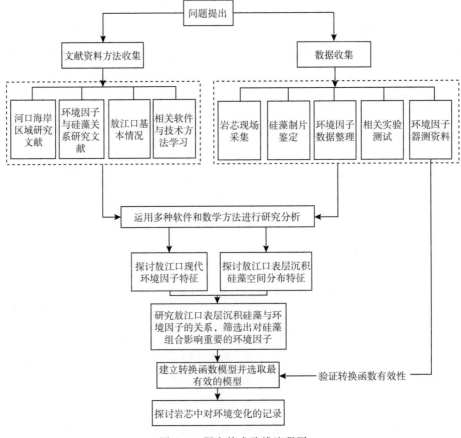

图 1.1　研究技术路线流程图

性,并利用岩芯中的硅藻数据、沉积物粒度特征以及环境因子重建结果,探讨岩芯中记录的环境事件。

　　本研究的开展将有助于从硅藻角度理解敖江口水体环境综合特点,丰富该区域硅藻研究的基础资料,为区域生产生活和生态资源保护提供参考,并为该地区的古环境研究提供一定的前期基础。

第 2 章
材料与方法

2.1　研究区域概况

2.1.1　自然地理特征

研究区位于福建敖江口(119.6°E—119.8°E,26.15°N—26.30°N)。该区域位于福建省福州市连江县近岸海域,是敖江干流的入海口,地处东海之滨,东邻台湾海峡,北面与罗源湾隔黄岐半岛相望,南部与闽江口相依。区域内岛礁众多,海岸线曲折蜿蜒,且多以基岩海岸为主。

连江县属于亚热带季风性气候,受到季风、太阳辐射和台湾海峡地形等因素的影响,外加海洋系统的调节,温暖湿润,夏长冬短,雨热同期。夏季在东南季风的影响下多降水,气温高,冬季在大陆偏北风影响下降水相对偏少,气温相对较低。年平均气温在 16.7～19.4℃;夏季 7 月气温最高,平均温度在 27～29℃;冬季 1 月气温最低,平均温度在 5.5～10.0℃[84]。平均年降水量为1551mm,全年降水主要集中在初春至初秋期间(3—9 月),占全年降水总量的82.7%,秋冬季节少雨,全年雨季、干季分明[84]。

此外,台风是影响敖江口的主要灾害性天气,除个别年份外,每年 5—11月,都会受到不同程度的台风影响。中国沿海的台风路径主要有三条:一是西移路径,台风经过巴士海峡,在粤东登陆,之后北上影响连江县及其周边区域;二是西北路径,台风穿过台湾岛,在福建正面登陆;三是转向路径,台风掠过台湾北部,在福建北部至浙江南部一带登陆。在这三条路径中,第二条出现的概率最大,影响也最大。据资料统计,台风在敖江口年平均影响次数为 5.5～5.7

次[85],但在该地直接登陆的台风并不多。台风的直接登陆不仅带来了充沛的降水,还会显著改变河口区域水动力条件,引发水体盐度变化和沉积物质再悬浮,对河口区域生态环境产生深刻影响。

2.1.2 水文特征

研究区位于敖江干流的入海口,同时邻近南部闽江干流的入海口,因而敖江和闽江径流均对敖江口区域研究环境产生一定的影响。敖江是福建第六大河流,发源于古田县东北部鹫峰山脉,在连江县浦口镇和东岱镇注入东海,干流全长 137km,流域面积 2655km²,年径流量 27.28×10⁸ m³[86]。通常每年 4—10 月为敖江的汛期,在 11 月至翌年 3 月敖江水位相对较低,年径流量变化与年降水变化基本一致。敖江是强潮型河口,咸淡水交界面在枯水期时可到达浦口镇,潮水可顶托到旧连江大桥,丰水期可到达蔗尾[84]。

闽江是福建第一大河流,发源于武夷山脉,在亭江镇附近受琅岐岛阻隔分为南北两支,南支沿梅花水道注入东海,北支沿琅岐岛西侧出长门,受粗芦岛、川石岛、壶江岛的分隔又分为乌猪水道、熨斗水道和川石水道注入东海,干流全长 577km,流域面积 60992km²,年径流量 620×10⁸ m³。闽江每年 4—9 月为汛期,径流量占全年的 75%。闽江潮汐属于正规半日潮,最大潮差可达7.04m,平均潮差为 4.37m,属于强潮型河口。

2.1.3 沉积环境特征

根据国家海洋局在研究区海域的调查结果以及历史资料[87~89],研究区内沉积物类型主要包括中粗砂(MFS)、粗砂(FS)和黏土质粉砂(TS)。敖江河口区和乌猪水道附近以中粗砂沉积物为主,包含部分粉砂质黏土,在两者之间的潮间带水域以粗砂沉积物为主。在定海湾及其以南的敖江口外海区域以黏土质粉砂沉积物为主。不同沉积物类型的空间分布反映了水动力的强弱。敖江径流携带大量陆源物质注入东海,较强的河流水动力与海水交汇后突然变弱,致使粗颗粒的砂粒级沉积物首先在河口附近沉淀下来,分选性较好[90]。而敖江河口外的粉砂级沉积物则总体反映了低能的水动力环境,分选性相对较差[90]。在乌猪水道附近还有少量黏土粒级沉积物,分选性相对较差[90]。

2.1.4 社会经济特征

敖江口所在的福建省连江县是全国海洋经济发展强县。全县总面积

4280km²，其中海域面积 3112km²，占比 72.7%，有着近 209.38km 的曲折海岸线和大大小小 120 多个岛屿[84]。连江县有着广阔的近内海、浅海、滩涂和海湾，其中滩涂潮间带面积 17.56 万亩，是开展近岸海水养殖的天然场所。在定海湾、敖江口和闽江口之间的潮间带区域开展了近岸海水养殖活动，主要养殖作物为贝类、缢蛏、紫菜等。在过去 30 年中，连江县是中国鱼类和贝类生产的第二大县[86,91]。

2.2　样品与环境数据采集

研究材料包括表层沉积物样品、环境因子数据以及岩芯样品。表层沉积物样品分别于 2020 年 10 月、2021 年 1 月和 2021 年 4 月在研究区使用抓斗采得，采样点位置信息如表 2.1 所示，一共采得了 52 份样品（其中 2020 年 10 月共采得 15 份，2021 年 1 月共采得 24 份，2021 年 4 月共采得 13 份）。尽管硅藻不容易被氧化，沉积后受到的生物干扰也较少，但为了防止沉积物变干对硅藻壳体的破坏，将所采得的样品均密封保存送至实验室。

依照采样站点距离敖江河口和沿岸陆地的远近，将其划分为 4 个区域：河口区、沿岸区、交错带和外海区。2020 年 10 月表层沉积物采样站点有：河口站点 2 个（E4 和 E5），沿岸站点 4 个（Y1、Y4、Y5 和 Y6），交错带站点 3 个（X4，X5 和 X6），外海站点 6 个（W1、W2、W3、W4、W5 和 W6）。2021 年 1 月表层沉积物采样站点有：河口站点 3 个（E2、E4 和 E5），沿岸站点 6 个（Y1、Y2、Y3、Y4、Y5 和 Y6），交错带站点 6 个（X1、X2、X3、X4、X5 和 X6），外海站点 6 个（W1、W2、W3、W4、W5 和 W6），闽江口站点 3 个（M1、M2 和 M3）。2021 年 4 月表层沉积物采样站点有：河口站点 2 个（E2 和 E5），沿岸站点 1 个（Y3），交错带站点 4 个（X3、X4、X5 和 X6），外海站点 6 个（W1、W2、W3、W4、W5 和 W6）。

三个岩芯样品 HK3、NT1 和 TT1 于 2021 年 10 月在福建敖江口河口区域使用泥滩采样器分别在光滩、近岸滩涂和盐沼区域人工采得。HK3 岩芯（26.2523°N，119.6622°E）和 NT1 岩芯（26.2505°N，119.6551°E）位于敖江河口区，TT1 岩芯（26.2366°N，119.6737°E）位于靠南的盐沼区域。三个岩芯的采样深度均为 1m。采得的岩芯进行现场密封后运回实验室。将岩芯运送回实验室时 TT1 顶部受到了轻微的损坏，为了保证计算结果的准确性，在接下来的处理中去除了 TT1 顶部 10cm 深度的样品。

表 2.1 表层采样点位置信息

采样时间	站位点	经度(°E)	纬度(°N)
2020 年 10 月	E4	119.671291	26.259622
	E5	119.670098	26.248618
	W1	119.746324	26.204478
	W2	119.755589	26.216562
	W3	119.765408	26.231296
	W4	119.771409	26.244931
	W5	119.773638	26.258758
	W6	119.776125	26.271988
	X4	119.733889	26.246111
	X5	119.733333	26.258333
	X6	119.733333	26.276111
	Y1	119.669472	26.208344
	Y4	119.690028	26.242078
	Y5	119.684167	26.261111
	Y6	119.685833	26.272222
2021 年 1 月	E2	119.677845	26.254422
	E4	119.671012	26.259294
	E5	119.670087	26.249811
	M1	119.657319	26.190380
	M2	119.695058	26.182823
	M3	119.731514	26.181080
	W1	119.747071	26.204311
	W2	119.754689	26.217806
	W3	119.761770	26.229471
	W4	119.767542	26.247313
	W5	119.783635	26.252124
	W6	119.787755	26.263593
	X1	119.710304	26.204474

续表

采样时间	站位点	经度(°E)	纬度(°N)
	X2	119.715437	26.214971
	X3	119.722288	26.224976
	X4	119.738638	26.243637
	X5	119.737372	26.255357
	X6	119.734926	26.269635
2021 年 1 月	Y1	119.669612	26.208450
	Y2	119.675500	26.220121
	Y3	119.682657	26.229714
	Y4	119.690630	26.241848
	Y5	119.691018	26.255043
	Y6	119.691577	26.266507
	E2	119.680145	26.254061
	E5	119.670474	26.249311
	W1	119.747139	26.207211
	W2	119.754346	26.219987
	W3	119.762150	26.231297
	W4	119.768838	26.247991
2021 年 4 月	W5	119.761895	26.262688
	W6	119.754692	26.271843
	X3	119.721259	26.227084
	X4	119.738496	26.243565
	X5	119.738218	26.256067
	X6	119.736588	26.272606
	Y3	119.680358	26.230826

环境因子数据包括水体环境因子和沉积物粒度数据,如表 2.2 所示。水体环境因子在采集表层沉积物样品时使用 HORIBA 仪器测量获得,包括了采样点的表层海水温度(SST)、表层海水盐度(SSS)、pH、氧化还原电位(ORP)、电导率(C)、溶解氧(DO)、溶解性固体物(TDS)和浊度(Tur)环境因子数据,共获

得了 52 个表层采样点的水体环境因子数据;沉积物粒度数据则是将沉积物进行处理后在实验室进行粒度分析测得,共获得 52 个表层样品的粒度数据以及 20 个沉积岩芯样品的粒度数据。

表 2.2 环境因子采集信息

环境因子	单位	收集方法
表层海水温度(SST)	℃	HORIBA
表层海水盐度(SSS)	ppt	HORIBA
pH	—	HORIBA
氧化还原电位(ORP)	mV	HORIBA
电导率(C)	ms/cm	HORIBA
溶解氧(DO)	mg/L	HORIBA
溶解性固体物(TDS)	g/L	HORIBA
浊度(Tur)	NTU	HORIBA
粒度参数	μm	实验室测定

2.3 样品处理方法

2.3.1 硅藻提取

硅藻壳体要通过一系列的实验步骤才能从沉积物中分离出来。通常用氧化的方法去除有机质,主要选用过氧化氢或者重铬酸钾和硫酸的混合溶液进行。沉积物中的碳酸盐和其他盐类则通过稀盐酸加热的方法去除。从沉积物中提取硅藻并制作成显微镜玻片进行镜下鉴定的方法包括重液浮选法、沉降法、物理过筛法等。我们使用沉降法提取敖江口采得的表层沉积物和岩芯中的硅藻。

(1)使用盐酸去除沉积物中的钙类物质

称取 0.015g 沉积物样品置于烧杯中,向烧杯中加入浓度为 10% 的稀盐酸溶液,同时不断搅拌,直至不再有气泡冒出,说明样品已与盐酸充分反应,样品内的钙质物质已被充分去除。

（2）使用过氧化氢去除沉积物中的有机质

紧接第一步操作之后，向烧杯中加入浓度为 30% 的过氧化氢溶液。将烧杯置于 80℃ 的水浴锅中恒温加热，直至不再有气泡冒出，说明样品已与过氧化氢溶液充分反应，样品内的有机质已被充分去除。将烧杯从水浴锅中取出，加满去离子水静置约 10h。

（3）使用去离子水对样品洗酸

静置后的溶液酸碱环境仍偏酸性，会对接下来的制片产生不利影响，需要将溶液变为中性。操作步骤为：移除溶液中的上层清液，并重新加满去离子水，静置约 24h。之后再重复该步骤 2 次，直至溶液变为中性。

（4）在培养皿中沉降

将洗酸完成后的溶液充分震荡摇匀，将其转移至已经在底部固定好盖玻片的培养皿中，使溶液中的物质均匀、充分沉淀在培养皿底部。将培养皿静置 24h 后引流，待培养皿中的液体完全自然蒸发后，得到干燥的、表面均匀沉降有硅藻包含在内的颗粒物的盖玻片。

（5）制片

将盖玻片使用 Naphrax 胶固定于载玻片上。将制得的玻片放置于 120℃ 的电热板上加热 1h，目的是去除盖玻片和载玻片之间夹杂的气泡，避免气泡妨碍镜下鉴定。待气泡排除后，将玻片转移至实验室常温下，使其自然冷却，最后收纳于玻片盒中等待镜下鉴定。

2.3.2 硅藻属种鉴定

硅藻的外壳由两个相同形状的壳片嵌套组合而成，分别称为上壳和下壳。其中，上壳比下壳略大。两个壳片的侧带共同覆盖的部分称为壳环。因此，观察硅藻形态结构有两个视角：一种是以贯穿上下壳片的贯壳轴方向作为观察视角，称为俯视视角；另一种是以贯穿壳环的直径轴方向为观察视角，称为侧视视角。在显微镜下一般以俯视视角观察硅藻，将其壳体形态特点以及壳面纹饰特点作为属种鉴定的依据[59,24]，包括壳体大小、壳面形状、壳纹排列、壳缝结构、中央节特点等特征。依据壳纹排列方式和壳缝的有无，硅藻门（Bacillariophyta）可分为 2 个纲：中心纲（Centricae）（图 2.1）和羽纹纲

（Pennatae）（图 2.2）。两者的主要区别在于：中心纲硅藻壳纹呈中心对称分布，辐射状排列，没有壳缝；羽纹纲硅藻壳纹呈轴对称分布，类似羽毛状排列，有壳缝或假壳缝。中心纲和羽纹纲硅藻在活动方式、生态习性等方面存在显著差异，进一步将它们划分为目科属种，则差异更为显著，因而有必要对样品中的硅藻进行细致的鉴定划分，明确其属种，这对接下来研究的开展具有决定性作用。

使用 motic 光学显微镜对由沉积物样品制得的硅藻玻片进行镜下鉴定，鉴定倍率为 1000 × 油镜，逐行统计硅藻属种数量，每个玻片至少鉴定统计 200 个硅藻。对于个体不完整的硅藻，若破损率小于 50%，则视为完整个体进行统计。硅藻的鉴定主要依赖于壳体的形状、关键特征以及硅藻分类书籍中的参照图片。本研究以 Krammer 和 Lange-Bertalot[92-95]、金德祥等[96]、郭玉洁和钱树本[97]编撰整理的硅藻图谱书籍作为硅藻鉴定的依据，大部分硅藻被鉴定到种，少部分不确定的硅藻被鉴定到属。

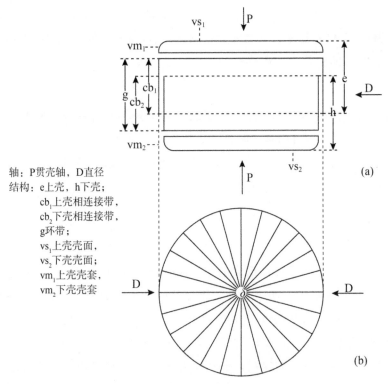

轴：P贯壳轴，D直径
结构：e上壳，h下壳；
　　　cb_1上壳相连接带，
　　　cb_2下壳相连接带，
　　　g环带；
　　　vs_1上壳壳面，
　　　vs_2下壳壳面；
　　　vm_1上壳壳套，
　　　vm_2下壳壳套

图 2.1　中心纲硅藻的细胞壳模式图[97]
(a)环面观；(b)壳面观

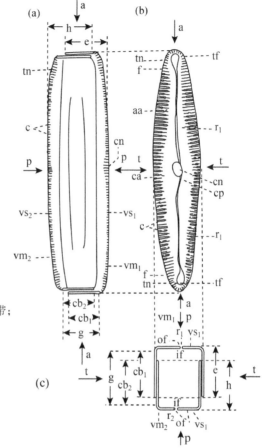

a顶轴，p贯壳轴，t切顶轴；
e上壳，h下壳；
r_1上壳纵沟，r_2下壳纵沟；
f漏斗隙，cb_1上壳侧带，cb_2下壳侧带；
g壳环，tn极结节，cn中央结节；
cp中心孔，tf极隙，aa轴区；
ca中央区，vs_1盖面，vs_2底面；
vm_1上壳壳带，vm_2下壳壳带；
of纵沟外裂隙，if内裂隙，c肋

图 2.2　羽纹纲硅藻的细胞壳模式图[98]

（a）长轴面；（b）盖壳面；（c）短轴面

2.3.3　粒度分析

粒度是沉积物的基本特征之一，主要受搬运和沉积过程的动力条件控制。因此，沉积物粒度与沉积环境密切相关，通过粒度分析揭示沉积物粒度中所包含的信息是研究沉积环境和沉积过程的重要方式之一[99]。本研究的沉积物样品粒度分析步骤如下。

（1）样品前处理流程

称取烘干样品约 0.2g 放入烧杯中，先加入 10% 的稀盐酸去除碳酸盐，再加入 10% 的过氧化氢溶液去除有机质，水浴加热直至反应完全。向烧杯中加满去离子水冷却静置 12h,抽去上层清液,重复洗酸,直至溶液变为中性。

(2)上机测试

向烧杯中加入 1mol/L 的六偏磷酸钠((NaPO$_3$)$_6$)溶液,放入超声波仪中分散震荡 15min 后,使用激光粒度仪(Beckman Coulter LS13320,USA)对样品进行粒度测试[100]。

表征粒度特征的粒度参数主要有平均粒径(M_z)、分选系数(S_d)、偏态(S_k)和峰态(K_u)等。平均粒径代表了沉积物粒度分布的集中趋势,是反映搬运营力强度的一种指标。一般而言,平均粒径越大,沉积物粒度越粗,沉积环境水动力越强;反之,水动力越弱。分选系数则用来描述沉积物颗粒大小的均匀程度,也可以作为描述沉积环境动力条件的指标。当沉积物粒度集中分布在某一较窄的数值区间内时,可以认为该沉积物的分选性较好。偏态用来描述沉积物粒度分布的对称程度。沉积物内往往粗细颗粒混杂,粗颗粒与细颗粒物质之间存在一定的比例,而偏度就是用来描述这种比例对粗细颗粒的倾向程度。当粗颗粒物质比例较高时,沉积物整体偏向粗粒度,即沉积物粒度频率曲线呈现正偏态,$S_k>0$;当细颗粒物质比例比较高时,沉积物整体偏向细粒度,即沉积物粒度频率曲线呈现负偏态,$S_k<0$;当粗细颗粒物质比例相当时,沉积物粒度组成呈现正态分布,$S_k=0$。峰态是描述沉积物粒度在平均粒度两侧集中程度的参数。峰态越窄,说明样品粒度分布越集中,粒度频率曲线的峰形越陡峭,形成"尖顶峰",$K_u>1$;反之,峰形会更平缓,形成"平顶峰",$K_u<1$。

在计算粒度参数前,首先应当将实验室仪器测得的颗粒粒径转化为对数粒径值 Φ。公式如下:

$$\Phi = \log_2 d \qquad (2\text{-}1)$$

式中,d 为颗粒直径(mm)。

粒度参数的计算可分为 Folk-Ward 图解法和矩值法。且 Folk-Ward 图解法计算粒度参数,就是根据沉积物粒度频率累计曲线,求出 5%、16%、25%、50%、75%、84% 和 95% 累计比例对应的粒径值 Φ,再根据公式计算得到[98]。本文使用 Folk-Ward 图解法计算平均粒径(M_z)、分选系数(S_d)、偏态(S_k)和峰态(K_u)。公式如下:

$$M_z = (\Phi 16 + \Phi 50 + \Phi 84)/3 \qquad (2\text{-}2)$$

$$S_d = (\Phi 84 - \Phi 16)/4 + (\Phi 95 - \Phi 5)/6.6 \qquad (2\text{-}3)$$

$$S_k = (\Phi 84 + \Phi 16 - 2\Phi 50)/[2(\Phi 84 - \Phi 16)] + (\Phi 95 + \Phi 5 - 2\Phi 50)/[2(\Phi 95 - \Phi 5)] \qquad (2\text{-}4)$$

$$K_u = (\Phi 95 - \Phi 5)/[2.44(\Phi 75 - \Phi 25)] \qquad (2\text{-}5)$$

式中,Φ5、Φ16、Φ25、Φ50、Φ75、Φ84、Φ95 分别表示沉积物粒度频率累积曲线 5％、16％、25％、50％、75％、84％和 95％累积比例对应的粒径值。

2.3.4 年代框架建立方法

大量研究表明,寻找过去环境变化的证据,发现过去环境演变的规律和机制,是对未来环境演变进行科学预测的基础,而通过任何载体的研究来认识区域环境变化和污染历史问题都必须以精确的年代学研究为基础[101]。其中,放射性核素是定年的常用手段,其基本原理是基于相关核素的指数衰变规律。

^{210}Pb 是天然放射性 U-Th 系的一个子体,具有 22.3a 的半衰期,是一种在百年尺度内测年使用的极好的核素。^{210}Pb 测年最早见于南极冰雪年龄的测定[102],在 20 世纪 70 年代被广泛应用于湖泊沉积物测年[103,104],并获得极大成功。与此同时,该方法也开始广泛应用于海洋沉积物的测年[105,106],成为研究海洋环境演变过程的有力手段。

天然放射性同位素^{210}Pb 由^{238}U 系衰变产生,在衰变过程中会产生^{222}Rn。^{222}Rn是一种惰性气体,能够从岩石表面和土壤微粒中溢出并逃逸到大气中。^{222}Rn的衰变子体(包括^{214}Pb、^{214}Bi、^{210}Pb 等)主要附着于细颗粒物上并在大气中扩散,可通过干、湿沉降进入湖泊和海洋,最终埋藏在沉积物中。因此,沉积物中蓄积的总^{210}Pb(^{210}Pb$_{tot}$)由两部分组成:一部分直接来自大气中的^{222}Rn,称为过剩铅(^{210}Pb$_{ex}$);另一部分来自沉积物本身的^{238}U 衰变,称为补给铅(^{210}Pb$_{sup}$)。在^{210}Pb$_{ex}$随沉积物埋藏进地层中与大气隔绝后,就不再接受大气中^{222}Rn的补给,会逐渐衰减;而^{210}Pb$_{sup}$则来自沉积物本身,作为天然的本底值。因此,可以对不同层位沉积物样品中的^{210}Pb$_{ex}$比活度进行分析,结合其衰变规律,计算出沉积速率[101,107]。

此外,人工核素^{137}Cs 在年代学方法中常作为时标,与^{210}Pb 测年法联合使用,作为^{210}Pb 定年结果参考和验证方式[101]。^{137}Cs 是由核试验时^{235}U 裂变产生的,因此在人工核试验前,在自然界中是不存在的。自 20 世纪 50 年代以来,核爆炸和核泄漏产生的^{137}Cs 开始进入大气环流,吸附于细颗粒物上,最终均匀沉降于地表,并在沉积物中富集。因此,一般将最早检测到^{137}Cs 的时间定为 1954 年。同时,由于全球大规模核试验主要集中在 1961—1963 年,随着 1963 年美、英、苏三国《禁止在大气层、宇宙空间和水下核试验条约》的签订,大规模核试验停止,大气中的[137]Cs 浓度开始下降。因此,[137]Cs 的最大峰值被认为出现在 1963 年。此外,1986 年切尔诺贝利核电站事故导致大量[137]Cs 进入大气,因而也将该时间作为一个[137]Cs 的峰值[101]。因此,在理想情况下,利用[137]Cs 时标法,将开始出现[137]Cs 的层位可定为 1954 年,最大峰值可定在 1963 年,次峰值可定在 1986 年[101]。

本研究的岩芯样品的年代框架建立将采用[210]Pb 测年法。使用研钵对经低温干燥后的样品进行粗磨。使用中国科学院南京地理与湖泊研究所的高纯度 γ 能谱仪(GWL-120-15,USA)测定样品的$^{210}\text{Pb}_{ex}$。随后对$^{210}\text{Pb}_{ex}$比活度进行了黏土归一化处理。根据每个样品中黏土($< 4\mu m$)沉积物的百分比,通过归一化到平均黏土比例,重新计算初始的$^{210}\text{Pb}_{ex}$比活度[108,109]。沉积速率采用恒定初始浓度(CIC)模型计算:

$$^{210}\text{Pb}_{(m)} = {}^{210}\text{Pb}_{(0)}\ e^{-\lambda t} \tag{2-6}$$

式中,$^{210}\text{Pb}_{(m)}$为深度 m 处$^{210}\text{Pb}_{ex}$的比活度(Bq/kg),$^{210}\text{Pb}_{(0)}$为表层沉积物的比活度(Bq/kg),λ 为^{210}Pb的衰变常数(0.03114/a),t 为衰变时间(a)。

2.4　数据处理方法

2.4.1　优势度计算

我们使用优势度指数判断硅藻主要属种和优势种。优势度指数的计算公式为:

$$Y = \left(\frac{n_i}{N}\right) f_i \tag{2-7}$$

式中,Y 为优势度,N 为区域中所有硅藻个体总个数,n_i 为第 i 种硅藻的个体总数,f_i 为第 i 种硅藻的出现频率。当 Y 大于 0.02 时,可以将该硅藻认定为优势种;当 f_i 大于 65% 时,可以将该硅藻认定为主要属种。

2.4.2　硅藻绝对丰度

沉积物样品中硅藻浓度的计算有三种方法。①滴定法:利用移管将一定体积的沉积物悬浊液滴入环形盖玻片中,估算硅藻的总量,从而得到浓度。②蒸发皿法:取一定量的沉积物悬浊液加到盖玻片中,在室温下将其风干,统计出盖玻片上所有硅藻的数量,根据原始体积,就可以得到硅藻的浓度。③外加小球计数法:使用由玻璃或者塑料制成的半径极小的小球,在样品的悬浊液中加入一定数量的小球,统计玻片中小球和硅藻的比例,最后由已知小球的总数便可以得到样品中硅藻的总数,从而计算浓度。我们使用蒸发皿法来计算硅藻的绝对丰度。硅藻绝对丰度计算公式为:

$$F = N/W \tag{2-8}$$

式中,F 为绝对丰度(valves/g),N 为硅藻总个数(valves),W 为样品干重(g)。在实际操作中,硅藻丰度采用以下公式计算[120]:

$$A = \frac{N \times S}{n \times a \times m} \tag{2-9}$$

式中,A 为硅藻丰度(个/g),N 为计数硅藻数,S 为培养皿面积,n 为计数视野数,a 为单个视野面积,m 为样品干重(g)。

2.4.3 香农—威尔多样性指数

香农—威尔多样性指数(Shannon-Weiner diversity index)是用来描述某个群落中属种个体出现紊乱和不确定性的指标[110],不确定性越高,多样性也就越高。其计算公式为:

$$H' = -\sum_{i=1}^{S} \frac{N_i}{N} \log_2\left(\frac{N_i}{N}\right) \tag{2-10}$$

式中,H' 为该站点的香农—威尔多样性指数,S 为该站点中鉴定出的硅藻种类数,N_i 为第 i 种硅藻的个数,N 为该站点的硅藻鉴定总个数。

香农—威尔多样性指数越大,反映该站点硅藻的生物多样性越高,种类数目越丰富[21],硅藻种群的稳定性越高。本书通过 Surfer 软件的克里金插值法对该指数进行空间分析。

2.4.4 皮尔逊相关性系数

皮尔逊相关性系数是检测两个随机变量之间线性相关程度和方向的统计量。当相关性系数 $r > 0$ 时两个变量为正相关;$r < 0$,为负相关。r 的绝对值大小则表示两个变量之间线性相关的密切程度,$|r|$ 越接近于 1,说明关联程度越高;$|r|$ 越接近 0,说明关联程度越低。一般来说,$0.9 < |r| < 1$,表示两个变量高度相关;$0.7 < |r| < 0.9$,表示两个变量强相关;$0.4 < |r| < 0.7$,表示两个变量中度相关;$0.2 < |r| < 0.4$,表示两个变量弱相关;$0 < |r| < 0.2$,表示两个变

量极弱相关;$|r|=0$,表明两个变量无相关性。

2.4.5　聚类分析

聚类分析是生态学研究的一种常用方法。以样点间的相似性为依据,将样点划分为不同的组,从而找出样点间的共性与规律。一般来说,不同的硅藻属种对环境的指示意义不同,但是也存在对环境指示意义相似的硅藻,这类硅藻往往分布在同一个区域,共同生存,形成一个硅藻组合。站点中鉴定得到的硅藻属种结果往往包含多种硅藻组合特征。若不同站点间的硅藻组合存在相似性,则表明这些站点所在的环境特征具有相似性。根据样点特征,当样点本身具有空间或时间的连续属性时,应当采用顺序聚类的方式;反之,当样点本身不具有空间或时间连续性时,应当采用无序聚类的方式。本研究使用 Tilia 软件的无序聚类方式对表层硅藻数据进行聚类分析。

2.4.6　多元统计分析

硅藻分布不仅受生境的影响,还受到外在因素的制约,如局地海流、水体营养化等。而通过相关性分析,如典型对应分析(canonical correspondence analysis, CCA),可以将硅藻属种与环境变量的相互关系通过二维图的形式表现出来,从而得出硅藻属种与各环境变量间的关系[111]。CCA 分析是一种有效的直接梯度分析法,将环境变量、物种数据和站点同时显示在一个低维空间中,可以非常直观地展现出环境变量与物种之间的关系特征。CCA 分析的假设前提是物种与环境的关系呈现非线性的单峰响应特点。因此,在进行 CCA 分析之前,应当首先进行去趋势分析(detrended correspondence analysis, DCA),得到物种数据的梯度长度。当梯度长度<2 时,物种数据更适用于冗余分析(redundancy analysis, RDA)等线性模型;当梯度长度>2 时,物种数据更适用于 CCA 分析。

本研究采用 CANOCO 软件进行多元统计分析。CANOCO 软件是一款多元统计分析软件,可将生物属种、环境因子和取样站位同时显示在一个低维的空间中,从而更直观地揭示出属种排列分布和各环境变量的关系。它通过排序图可以分析各环境变量对物种分布的解释量,得到后续建立转换函数的目标环境变量。CANOCO 软件中所提供的间接排序方法、直接排序方法、线性分析和非线性分析等不同的处理方式,可以根据数据的不同特点进行选取。

2.4.7 转换函数法

转换函数法是利用硅藻、有孔虫等微体古生物进行古环境定量重建的主要方法,最初由 Imbrie 和 Kipp[112]提出。其基本原理是:通过广泛采集现代硅藻样品和测量现代环境因子数据,通过多元统计方法筛选出与硅藻关系最密切的环境因子,以此构建对应的硅藻—环境因子转换函数,并将其运用到岩芯中硅藻的组合变化中,最终实现对应环境因子的定量重建。转换函数的推导能力主要通过表征回归值与观测值的拟合程度 R^2_{Jack},推导误差 $RMSEP_{Jack}$、残差 ($Residual$) 和最大偏差 ($Maximum\ bias_{Jack}$) 等参数来衡量。其中 R^2_{Jack} 和 $RMSEP_{Jack}$ 主要衡量转换函数模型的整体有效性,$RMSEP_{Jack}$ 指示了转换函数的实际推导预测误差,该值越小说明模型越精确;R^2_{Jack} 指示了模拟值与实际值之间的拟合度,该值越大说明模型越精确。此外,最大偏差数值越低说明模型越精确。

转换函数的模型有很多种,包括加权平均回归模型(WA)、偏最小二乘法加权平均回归模型(WA-PLS)、偏最小二乘法回归模型(PLS)和 Imbrie&Kipp 因子模型(IKM)等。WA 模型是在硅藻属种对环境因子具有单峰响应的生态学效应前提下设计的[113],由于在计算中对初始值进行了两次加权导致其变小,为了得到准确的推导值需要将其还原。根据还原方式的不同和对属种忍耐值是否可以降权,可以将 WA 划分为传统加权平均(WA_Cla)和反向加权平均(WA_Inv)、对属种忍耐值降权的传统加权平均(WA$_{tol}$_Cla)和反向加权平均(WA$_{tol}$_Inv)。WA-PLS 模型则是结合了最小二乘法、同时利用反向还原回归方法进行环境指标重建。该模型是在加权平均回归基础上,对前一个函数的残差中所包含的信息量进行多次提取和优化,从而降低 $RMSEP_{Jack}$,提高 R^2_{Jack},达到提高转换函数推导能力的目的[113],它是 WA 模型的优化与递进。

本书使用 C2 软件以及在敖江口采的柱状样岩芯样品尝试建立硅藻—环境因子转换函数,并对模型进行筛选,以找出最精确的重建模型。C2 软件作为古生态分析软件,可以将具有环境指示意义的物种数据组成训练集,通过与环境数据的对比分析,利用多种回归方法预测环境值,建立物种数据与环境数据之间的转换函数,在进一步分析的过程中,利用古生物数据定量重建古环境古气候。

第 3 章

敖江口表层沉积硅藻组合特征及其与环境的关系

　　利用硅藻对环境变化敏感的特点,探究硅藻与环境的关系,是揭示敖江口水体环境综合特点的良好途径。在本章中,首先对测得的敖江口各项环境因子时空分布特征进行分析,并探讨环境因子之间的关系,分析各因子对敖江口总体环境的贡献情况。随后,研究了敖江口表层沉积硅藻的组成、硅藻多样性以及生产力的时空分布特征。最后,使用多元统计分析方法探究表层沉积硅藻与环境因子之间的关系,筛选出影响硅藻分布的最显著环境因子。筛选结果将为第 4 章转换函数的建立提供基础。

3.1　敖江口环境因子特征及其相关性

3.1.1　敖江口水体环境因子特征

　　敖江口水体测量的环境因子包括:表层海水温度(SST)、表层海水盐度(SSS)、pH、氧化还原电位(ORP)、电导率(C)、溶解氧(DO)、溶解性固体物(TDS)和浊度(Tur)。各因子统计结果以及箱型图模型如表 3.1 和图 3.1 所示。

　　(1)敖江口水体盐度特征

　　从空间维度看,敖江口 2020 年 10 月、2021 年 1 月、2021 年 4 月表层海水盐度变化结果显示(数据见附录 D),敖江口水体盐度总体上呈现从近岸向外海逐渐升高的梯度特征,这也符合了河口区域盐度空间分布的特点。在 2020 年 10 月,河口区 E4、E5 站点附近盐度相对较低,且随着离岸距离增加盐度梯度变化非常剧烈;W3、W4、W5、W6 所在的外海北部区域盐度较高;交错带区域以及

表 3.1 敖江口各月水体环境因子测量结果

时间	站点	数据	SSS (ppt)	pH	SST (℃)	Tur (NTU)	C (ms/cm)	TDS (g/L)	DO (mg/L)	ORP (mV)
2020 年 10 月	河口区	最大值	24.98	8.06	21.27	108.00	39.30	24.00	8.08	245.00
		最小值	23.77	8.04	21.25	71.80	37.60	22.90	7.56	238.00
		平均值	24.38	8.05	21.26	89.90	38.45	23.45	7.82	241.50
	沿岸站	最大值	28.83	8.12	21.92	175.00	44.70	27.30	8.82	310.00
		最小值	27.46	8.06	20.70	73.40	42.80	26.10	6.35	246.00
		平均值	27.98	8.09	21.46	102.30	43.50	26.55	7.56	282.25
	交错带	最大值	28.02	8.05	21.70	91.70	43.60	26.60	6.82	309.00
		最小值	27.79	8.02	21.12	60.50	43.30	26.40	5.53	300.00
		平均值	27.92	8.04	21.37	75.33	43.47	26.50	6.38	303.67
	外海区	最大值	29.75	8.12	21.61	73.70	46.00	28.10	7.60	266.00
		最小值	27.42	8.12	20.84	46.40	42.80	26.10	5.98	239.00
		平均值	28.80	8.12	21.28	61.62	44.67	27.23	6.71	250.33
2021 年 1 月	河口区	最大值	29.90	8.09	11.02	330.00	47.10	28.70	7.67	278.00
		最小值	28.86	8.08	10.92	228.00	45.60	27.80	6.95	275.00
		平均值	29.26	8.08	10.97	282.00	46.17	28.17	7.27	276.33
	沿岸站	最大值	29.83	8.11	13.19	186.00	46.80	28.60	9.83	310.00
		最小值	28.27	7.95	10.94	61.20	44.70	27.30	7.33	287.00
		平均值	28.98	8.05	11.94	127.53	45.62	27.85	8.38	299.67
	交错带	最大值	30.40	8.25	12.27	193.00	47.60	29.10	8.37	354.00
		最小值	29.43	8.23	10.98	96.40	46.40	28.30	7.53	316.00
		平均值	29.88	8.24	11.48	137.57	46.97	28.65	7.98	328.33
	外海区	最大值	30.08	8.24	12.63	206.00	47.10	28.70	8.63	296.00
		最小值	29.14	8.24	11.51	59.80	45.90	28.00	7.16	282.00
		平均值	29.75	8.24	12.20	120.43	46.68	28.47	7.81	290.83
	闽江口	最大值	28.26	8.23	11.97	131.00	44.60	27.20	10.87	378.00
		最小值	27.58	7.50	10.17	115.00	43.90	26.80	8.64	280.00
		平均值	27.91	7.92	10.82	122.33	44.27	27.00	9.72	325.00

续表

时间	站点	数据	SSS (ppt)	pH	SST (℃)	Tur (NTU)	C (ms/cm)	TDS (g/L)	DO (mg/L)	ORP (mV)
2021 年 4 月	河口区	最大值	28.61	8.23	20.29	55.80	44.40	27.10	6.66	207.00
		最小值	27.82	8.23	20.03	39.90	43.30	26.40	6.18	205.00
		平均值	28.22	8.23	20.16	47.85	43.85	26.75	6.42	206.00
	沿岸站	最大值	28.60	8.20	20.90	42.30	44.40	27.10	5.87	213.00
		最小值	28.60	8.20	20.90	42.30	44.40	27.10	5.87	213.00
		平均值	28.60	8.20	20.90	42.30	44.40	27.10	5.87	213.00
	交错带	最大值	31.08	8.46	20.11	37.80	47.90	29.20	7.01	283.00
		最小值	30.31	8.42	19.59	24.40	46.80	28.60	6.15	277.00
		平均值	30.73	8.44	19.74	30.38	47.40	28.93	6.59	279.75
	外海区	最大值	31.28	8.49	20.41	21.80	48.20	29.40	8.27	287.00
		最小值	30.53	8.20	19.19	11.30	47.10	28.70	6.83	253.00
		平均值	30.89	8.42	19.73	14.92	47.63	29.05	7.83	265.33

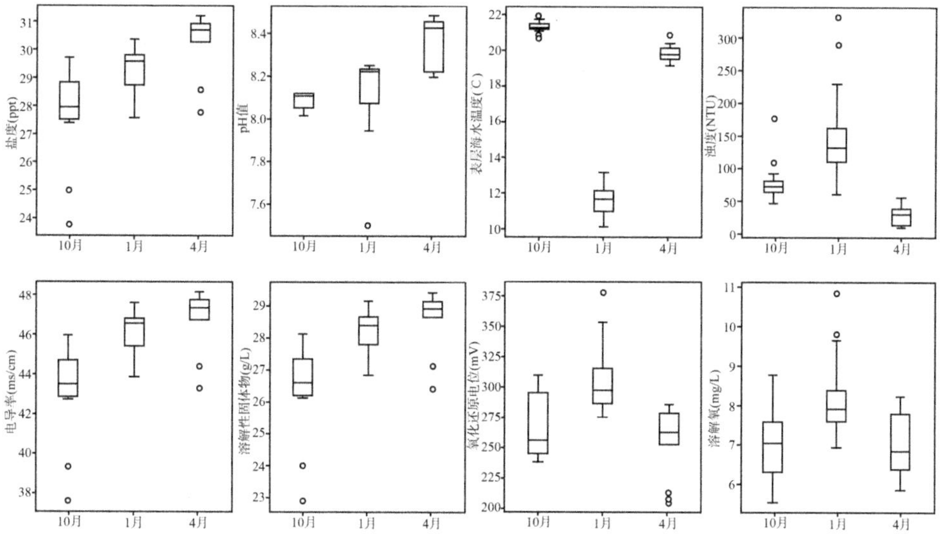

图 3.1　敖江口水体环境因子箱形图

W1 和 W2 所在的区域盐度空间差异较小，是盐度变化过渡地带。2021 年 1 月的高盐度中心从外海北部区域移动至 X4、X5、X6 所在的交错带北部区域，低盐度水域的中心从敖江河口区移动至闽江口，盐度梯度大致呈东北—西南走向。2021 年 4 月的盐度梯度与 2020 年 10 月相似，河口区的盐度较低，交错带以及外海区盐度较高。

从时间维度看，研究区域水体盐度呈持续上升趋势，2020 年 10 月最低，2021 年 4 月最高。若以 29ppt 盐度等值线作为高盐度水体区域的边界，则 2020 年 10 月时高盐度水体区域主要包括外海北部区域，2021 年 1 月时该区域迅速扩张，基本覆盖了沿岸站北部、交错带和外海区，直抵敖江口；2021 年 4 月时 29ppt 盐度等值线大致与敖江口沿岸平行，高盐度水体区域达到最大范围。

（2）敖江口水体表层海水温度特征

从空间维度看，敖江口 2020 年 10 月、2021 年 1 月、2021 年 4 月表层海水温度的空间插值结果表明，敖江口表层海水温度的梯度变化不明显。2020 年 10 月敖江口表层海水温度范围为 21～23℃，2021 年 4 月表层海水温度范围为 19～21℃，在这两个月研究区表层海水温度空间差异比较小。2021 年 1 月表层海水温度范围为 10～14℃，与 2020 年 10 月和 2021 年 4 月相比存在一定的梯度变化，呈现随着离岸距离的增加表层海水温度缓慢上升的趋势（数据见附录 D）。

从时间维度看，敖江口表层海水温度具有先下降后上升的特点。从 2020 年 10 月至 2021 年 1 月，敖江口表层海水温度大幅度下降，降幅约为 10℃，而从 2021 年 1 月至 4 月，表层海水温度又迅速回升，回到了 2020 年 10 月的水平。

（3）敖江口水体 pH 特征

从空间维度看，敖江口 2020 年 10 月、2021 年 1 月和 2021 年 4 月 pH 的空间插值结果表明，敖江口水体 pH 具有较大的梯度变化特征。2020 年 10 月研究区水体 pH 的空间差异较小，梯度变化弱，pH 范围为 8.0～8.2。2021 年 1 月的 pH 梯度变化在三个月内最为显著，pH 范围为 7.5～8.3，闽江口 M1 站点的 pH 最小，高 pH 区域（pH 大于 8.2）非常广阔，囊括了交错带、外海区以及闽江口 M3 站点。2021 年 4 月的 pH 范围为 8.3～8.6，随着离岸距离的增加 pH 逐渐增加，pH 的梯度变化与河口岸线平行。

从时间维度看，敖江口水体为弱碱性，且 pH 呈持续上升趋势，2020 年 10

月最低,2021 年 4 月最高。若以 pH 8.2 等值线作为高 pH 水体区域的边界,则可以发现 2020 年 10 月敖江口水体 pH 均低于 8.2,2021 年 1 月敖江口高 pH 水体区域包括了交错带、外海区以及闽江口 M3 站点,2021 年 4 月敖江口水体 pH 均高于 8.2,因此可以初步推测研究区 pH 的升高是从外海区和交错带开始的,逐步向近岸区域扩张(数据见附录 D)。

(4)敖江口其他环境因子特征

从浊度特征来看,敖江口 2020 年 10 月、2021 年 1 月和 2021 年 4 月浊度的空间插值结果显示,2020 年 10 月水体浊度的范围为 40~180NTU,从近岸向外海浊度逐渐降低,Y6 站点的浊度最高(175NTU),W5 站点的浊度最低(46NTU),大部分区域水体浊度都低于 90NTU。2021 年 1 月水体浊度范围为 50~350NTU,河口区的浊度非常高(平均值 282NTU),且河口区与沿岸站区域(平均值 127NTU)之间浊度的变化非常剧烈。除此之外,其他区域水体浊度差异并不是特别大。2021 年 1 月水体浊度范围为 10~70NTU,河口区的浊度最高,交错带和外海区的浊度非常低。从时间维度看,敖江口水体浊度具有先上升后下降的趋势,2021 年 1 月最高,2021 年 4 月最低。就统计结果而言,与 2020 年 10 月相比,2021 年 1 月敖江口水体浊度显著增加,但是这种变化在空间上是不均衡的,主要体现在河口区(2020 年 10 月河口区浊度平均值为 89.9NTU,2021 年 1 月平均值为 282NTU,增长幅度为 213.7%),除河口区外的其他区域变化相对较小。2021 年 4 月与 2021 年 1 月和 2020 年 10 月相比,敖江口水体浊度整体处于低位水平(数据见附录 D)。

溶解性固体物(total dissolved solids,TDS)反映水中溶解的各类无机物和有机物离子的总量,通过测量水体的电导率求得,因而水中溶解物越多,TDS 值越大,电导率也越大。将溶解性固体物、电导率与盐度的变化情况对比发现,三者的时空变化存在一定的相似性:在空间维度上三者都具有显著的梯度特征,在时间维度上三者均呈持续上升的趋势,这说明溶解性固体物、电导率与盐度之间存在关联,对研究区水体环境变化的指示意义可能存在一定的重叠。

从水体溶解氧含量来看,研究区域 2020 年 10 月水体溶解氧含量范围为 5.5~9.0mg/L,Y4 站点溶解氧含量最高(8.82mg/L),X6 站点溶解氧含量最低(5.53mg/L),由近岸向外海溶解氧含量降低。2021 年 1 月水体溶解氧含量范围为 6~11mg/L,M1 站点溶解氧含量最高(10.87mg/L),溶解氧含量梯度走向大致呈东北—西南走向。4 月水体溶解氧含量范围为 5.5~9.0mg/L,W2

站点溶解氧含量最高（8.27mg/L），Y3 站点溶解氧含量最低（5.87mg/L），从近岸向外海溶解氧含量逐渐增加。从时间维度看，敖江口水体溶解氧含量呈现先上升后下降的特点。2021 年 1 月溶解氧含量最高，2021 年 4 月则降低至 2020 年 10 月的水平。对比发现，各个小区域溶解氧含量变化有所差异。河口区溶解氧含量是持续下降的（2020 年 10 月、2021 年 1 月、2021 年 4 月平均值分别为 7.82、7.27 和 6.42mg/L），外海区的溶解氧含量是持续上升的（2020 年 10 月、2021 年 1 月、2021 年 4 月平均值分别为 6.71、7.81 和 7.83mg/L）。

氧化还原电位（oxidation reduction potential，ORP）是水质评价的重要指标之一，反映了水体的宏观氧化还原性。ORP 值为正值，表明水体呈现出一定的氧化性。ORP 值越高说明水体的氧化性越强，反之表明水体的还原性越强。ORP 虽然不能独立反映水质的好坏，但在一定程度上能够指示水质变化的趋势。从空间维度看，敖江口 2020 年 10 月、2021 年 1 月、2021 年 4 月水体 ORP 值的空间插值结果显示，2020 年 10 月 ORP 值范围为 220～320mV，Y1 站点的 ORP 值最高（310mV），E2 的 ORP 值最低（238mV），河口区和外海区的 ORP 值相对较低，沿岸站和交错带 ORP 值相对较高。2021 年 1 月 ORP 值范围为 260～380mV，M2 站点的 ORP 值最高（378mV），E2 的 ORP 值最低（275mV），河口区和外海区的 ORP 值相对较低，沿岸站和交错带 ORP 值相对较高。2021 年 4 月 ORP 值范围为 200～300mV，W6 站点的 ORP 值最高（287mV），E2 站点的 ORP 值最低（205mV）。与 2020 年 10 月和 2021 年 1 月相比，2021 年 4 月 ORP 值的离岸梯度变化相对较为显著，河口区 ORP 值最低，外海北部区域 ORP 值最高。从时间维度看，敖江口水体 ORP 值呈现先上升后下降的特点，2021 年 1 月最高，2021 年 4 月最低。相比于 2020 年 10 月，2021 年 1 月 ORP 值在整个研究区范围内显著上升；相比于 2021 年 1 月，2021 年 4 月 ORP 值在整个研究区范围内显著下降，且要低于 2020 年 10 月水平。就不同小区域而言，河口区所代表的近岸地区 ORP 值在三个月内始终相对较低，这表明河口区水体的氧化性始终相对较弱；交错带所代表的中部地区 ORP 值始终相对较高，这表明交错带水体的氧化性始终相对较强；外海区的 ORP 值处于波动状态，在 2021 年 1 月有所上升，在 2021 年 4 月又下降至 2020 年 10 月的水平（数据见附录 D）。

总体而言，敖江口及其邻近海域具有河口区域的一般特点，各水体环境因子在空间维度和时间维度的变化具有一定的梯度性。其中，敖江口盐度变化与敖江和闽江径流强度以及来自外海的浙闽沿岸流强度变化关系密切。敖江与闽江在每年的 4 月至 10 月为汛期,在 11 月至翌年 3 月水位相对较低,而浙闽沿岸流在东北季风的驱动下,在冬季最为强盛。随着径流与浙闽沿岸流强度的变化,敖江口水体环境对其产生响应:从 2020 年 10 月至 2021 年 1 月,随着径流强度的减弱和浙闽沿岸流强度的增强,高盐度水体从外海区北部入侵,导致了盐度的上升;从 2021 年 1 月至 2021 年 4 月,伴随着径流强度的恢复,河口区盐度有所下降,而远离海岸的交错带和外海区仍然受到了浙闽沿岸流的影响,盐度仍然较高。盐度梯度走向的变化也能揭示径流与浙闽沿岸流强度的对比变化:在 2021 年 1 月径流强度最弱、浙闽沿岸流强度最强时,盐度梯度不再与河口岸线平行,而是呈现东北—西南走向,这与浙闽沿岸流入侵研究区的方向吻合;当 2021 年 4 月径流强度恢复后,盐度梯度重新变回与河口岸线平行的状态。

此外,敖江口水体 pH 的变化特点与盐度十分相似,交错带以及外海区的水体盐度和 pH 均在 2021 年 1 月上升,2021 年 4 月达到最大值。根据对盐度变化原因的分析,我们可以推断,pH 的变化也与径流以及浙闽沿岸流强度变化有关。随着冬季浙闽沿岸流的影响范围从外海区和交错带扩张至整个敖江口区域,水体 pH 也逐步提高。2021 年 1 月河口区浊度的突然升高也与敖江径流注入减少有关。2021 年 1 月是敖江径流的枯水期,径流的减弱以及沿岸人类生产生活产生的污水排入,导致该区域浊度迅速升高。

3.1.2 敖江口表层沉积物的粒度特征

对敖江口采得的表层沉积物样品进行粒度分析,发现在 2020 年 10 月的站点中,沿岸站点 Y1、Y4、Y5、Y6 的表层沉积物中砂含量很高,分别占68.85%、87.77%、68.35%和 75.3%,属于砂质沉积物。河口区、交错带、外海区站点的沉积物主要以黏土、粉砂为主,属于泥质沉积物。在 2021 年 1 月的站点中,6 个沿岸站点(Y1、Y2、Y3、Y4、Y5、Y6),交错带南部站点(X1、X2、X3),闽江口站点 M3 和河口站点 E2 的表层沉积物中砂含量很高,属于砂质沉积物。其他剩余站点沉积物主要以黏土、粉砂为主,属于泥质沉积物。在 2021 年 4 月的站点中,河口区 E2 站点和沿岸站 Y3 站点的表层沉积物中砂含量很高,分别占61.31%和 67.28%,属于砂质沉积物。河口区 E5 站点沉积物中砂的含量也高,占 42.81％,但未超过 50％,依照洛克福克分类法认为是砂质泥。其他站点的沉积物以黏土和粉砂为主,属于泥质沉积物。

使用 Surfer 软件对表层沉积物中值粒径进行分析,空间插值结果显示,河口区与外海区以及交错带北部区域沉积物粒度相对较小,以泥和粉砂沉积物为主;粗颗粒沉积物主要分布在沿岸站和交错带南部区域,形成了一条南北走向的粗粒度沉积物带。此外,不同时间段粒度的空间分布也有所差异:2020 年 10月中部站点的沉积物粒度较粗,与其他站点相差较大,而 2021 年 4 月站点间的沉积物粒度相差较小,说明 2020 年 10 月与 2021 年 1 月相比沉积物的粒径分布更为均匀。

综合上述测试结果可知,沿岸站以及交错带南部区域的沉积物粒度较粗,以砂为主;河口区和外海区以及交错带北部的沉积物粒度较细,以泥为主,这与许艳等在该区域开展的沉积环境调查结果相一致[114]。

3.1.3 环境因子间的相关性

河口环境是多种因素共同作用、共同影响的结果,可以通过相关性分析和多元统计分析等方法进一步揭示环境因子所包含的信息。

首先,通过皮尔逊相关性系数分析了表层海水温度(SST)、表层海水盐度(SSS)、pH、氧化还原电位(ORP)、电导率(C)、溶解氧(DO)、溶解性固体物(TDS)、浊度(Tur)和沉积物粒度(MD)这九个环境因子相关性,结果如表 3.2所示。从结果中可以发现,SSS、C、TDS 之间的相关性达到了 0.98,p 值小于0.01,说明这三个因子之间存在高度的相关关系,它们的时空变化特征十分相似,在环境意义的解释上存在很大的重叠。

此外,还可以发现 SST 与 ORP、DO、Tur 之间均存在负相关性,而 ORP、DO 和 Tur 三者之间的相关性较弱。pH 与 SSS 之间也存在正相关性,根据3.1.1小节的分析,这是由于敖江口 pH 和 SSS 的变化都受到了敖江、闽江径流与浙闽沿岸流的共同影响,因此 pH 和 SSS 的时空变化十分相似,相关性较高。

皮尔逊相关性分析更多地揭示了环境因子之间一对一的关系,若要更综合地看待各因子对敖江口环境的影响与贡献情况,则应当使用多元统计分析的方法。其中,主成分分析(principal component analysis,PCA)是一种使用最为广泛的数学降维方法,目的是从多种评价指标中筛选出少量的、能够包含足够信息的指标来综合反映研究对象整体的特点,且这几个指标共线性弱,所包含的信息几乎不重叠,可实现"信息降维"[115]。

表 3.2　敖江口环境因子相关性

环境因子	SST	pH	ORP	C	Tur	DO	TDS	SSS	MD
SST	1								
pH	0.214	1							
ORP	-0.624^{**}	-0.201	1						
C	-0.35^{*}	0.588^{**}	0.257	1					
Tur	-0.66^{**}	-0.438^{**}	0.355^{**}	-0.058	1				
DO	-0.571^{**}	-0.32^{*}	0.456^{**}	0.057	0.243	1			
TDS	-0.352^{*}	0.585^{**}	0.257	0.990^{**}	-0.056	0.064	1		
SSS	-0.179	0.664^{**}	0.147	0.984^{**}	-0.191	-0.043	0.983^{**}	1	
MD	-0.323^{*}	-0.383^{**}	0.246	-0.044	0.222	0.392^{**}	-0.038	-0.107	1

** 表示 $p < 0.01$,* 表示 $p < 0.05$。

使用 PCA 对敖江口表层海水温度(SST)、表层海水盐度(SSS)、pH、氧化还原电位(ORP)、电导率(C)、溶解氧(DO)、溶解性固体物(TDS)、浊度(Tur)和沉积物粒度(MD)这九个环境因子进行分析。PCA 前四轴结果如表 3.3 所示,可以发现 PCA 轴一(PC1)的特征值为 1.891,贡献率为 39.7%,而 PCA 轴二(PC2)的特征值为 1.714,贡献率为 32.6%,因而轴一对水体环境的贡献率相对更高。前两轴的累积贡献率达到 72.4%,可以解释大部分水体环境信息。

各环境因子对前四轴的贡献率如表 3.4 所示,盐度对 PCA 轴一(PC1)的贡献率最大,达到了 52.2%。电导率(52.0%)和溶解性固体物(52.1%)的贡献率与盐度相当。根据上文 9 个环境因子的相关性分析结果可知(表 3.2),SSS、C 和 TDS 三者之间存在着强相关性,可以认为它们对水体环境信息的解释中有很大部分的重叠,因此选择贡献率最大的盐度作为环境变量,下文将不再对 C 和 TDS 进行单独解释。对 PCA 轴二(PC2)贡献率最大的因子是表层海水温度,达到了 50.6%。综上所述,盐度和表层海水温度对敖江口环境的影响程度最大,是敖江口水体的主要环境因子。

PCA 分析结果见图 3.2。图中环境因子用矢量箭头表示,箭头之间的夹角表示它们之间的相关性。当夹角为锐角时,说明两者呈正相关;当夹角为钝角时,说明两者呈负相关;当夹角为直角时,说明两者无相关性。各月站点分别使用不同符号进行标注。站点在环境因子矢量箭头的分布情况则代表了该站点在该环境因子上的倾向。例如,站点分布在盐度轴正方向上,则代表该站点在盐度轴的得分较高,站点的盐度也相对较高;反之则代表盐度相对较低。

表 3.3　环境因子 PCA 结果

参数	PCA 轴			
	PC1	PC2	PC3	PC4
特征值(eigenvalues)	1.891	1.714	0.945	0.814
贡献率(proportion of variance)	0.397	0.326	0.099	0.074
累积贡献率(cumulative proportion)	0.397	0.724	0.823	0.897

表 3.4　各因子对 PCA 轴的贡献率

环境因子	PCA 轴			
	PC1	PC2	PC3	PC4
SST	−0.154	0.506	−0.223	0.016
pH	0.369	0.312	0.014	0.073
ORP	0.128	−0.423	0.066	0.445
C	0.520	−0.050	−0.011	−0.099
Tur	−0.072	−0.413	0.598	−0.393
DO	0.010	−0.423	−0.391	0.500
TDS	0.521	−0.053	−0.016	−0.101
SSS	0.522	0.044	−0.060	−0.097
MD	−0.066	−0.333	−0.657	−0.602

从图 3.2 中可以看出,在 PCA 轴一方向上,SSS、C、TDS、pH 这四个因子的矢量箭头之间的夹角为锐角,说明这四个因子为正相关。在 PCA 轴二方向上,ORP、DO、Tur、MD 这四个因子的矢量箭头之间的夹角为锐角,说明这四个因子为正相关,而表层海水温度(SST)的矢量箭头与它们呈钝角,说明表层海水温度(SST)与它们呈负相关。根据表 3.4 可知,盐度是 PCA 轴一贡献率

最高的环境因子,因而 PCA 轴一可以用来指代盐度变化,在正方向上盐度逐渐升高,反之逐渐下降;表层海水温度(SST)是 PCA 轴二贡献率最高的环境因子,因而 PCA 轴二可以用来指代海水温度变化,在正方向上海水温度逐渐升高,反之逐渐下降。

此外,从站点与环境因子的关系中还可以发现 PCA 轴一和轴二所代表的环境因子变化趋势的不同。在 PCA 轴一方向上,SSS、pH、C 和 TDS 这四个因子之间呈正相关,表明这些因子具有共同的变化趋势。2020 年 10 月、2021 年 1 月、2021 年 4 月站点均沿着 PCA 轴一方向的一侧分布,且遵循河口区—沿岸站交错带—外海区的分布模式,站点在 PCA 轴一得分越高,站点的离岸距离越大,结合 3.1.1 小节的分析结果,这说明 PCA 轴一所代表的环境因子空间维度的变化趋势比时间维度更加显著。而不同月份的站点随着 PCA 轴二变化明显,2020 年 10 月与 2021 年 4 月处于温度的正方向,2021 年 1 月站点处于温度的反方向上。因此,PCA 轴二的时间变化趋势指示作用更为显著。

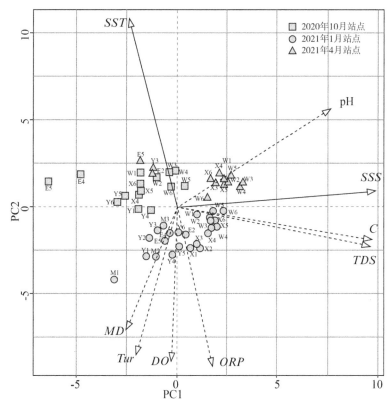

图 3.2　敖江口水体环境因子 PCA 分析结果图(实线箭头表示显著的环境因子)

综上所述,在本节中,主要研究了 2020 年 10 月、2021 年 1 月和 2021 年 4 月福建敖江口及其邻近海域的环境因子时空分布特征、环境因子之间的相关性以及各环境因子对敖江口水体环境的贡献情况。首先通过空间插值等方法分析了各环境因子的分布特征,随后使用皮尔逊相关性系数和 PCA 揭示各环境因子之间的内在联系和变化特征。主要得出以下结论:研究区环境变量梯度变化明显,其中盐度和表层海水温度是敖江口水体的主要环境因子;盐度、pH、溶解性固体物和电导率四个环境因子相关性显著;表层海水温度、氧化还原电位、溶解氧、浊度和沉积物粒度这五个环境因子相关性显著。以盐度和表层海水温度为代表,敖江口水体环境因子的变化趋势可以划分为空间和时间两个维度,盐度、pH、溶解性固体物和电导率的空间梯度变化趋势更加显著,表层海水温度、氧化还原电位、溶解氧、浊度和沉积物粒度的时间变化趋势更加显著,这两种维度变化构成了敖江口水体复杂多变的格局环境。

3.2 敖江口表层沉积硅藻的组成与多样性

3.2.1 敖江口主要表层沉积硅藻及优势种

福建敖江口 2020 年 10 月的 15 份表层沉积物样品中,除 Y4 站点中硅藻十分稀少外,其余站点鉴定得到的硅藻种类非常丰富。从 2020 年 10 月的样品中共鉴定出硅藻 86 种,隶属于 34 属。根据优势度计算结果,2020 年 10 月主要硅藻属种组成包括以下 18 种:*Achnanthes suchlandtii*、*Actinocyclus ellipticus*、*Actinocyclus octonarius*、*Actinoptychus undulates*、*Aulacoseira granulata*、*Actinocyclus kuetzingii*、*Cyclotella striata*、*Delphineis amphiceros*、*Diploneis bombus*、*Fragilaria capucina*、*Nitzschia sociabilis*、*Paralia sulcata*、*Pleurosigma angulatum*、*Surirella armoricana*、*Thalassionema nitzschioides*、*Thalassiosira eccentrica*、*Thalassiosira leptopus*、*Tryblioptychus cocconeisformis*(主要属种的优势度如表 3.5 所示,含量变化如图 3.3 所示)。其中,*A. octonarius*、*A. kuetzingii*、*C. striata*、*P. sulcata*、*P. angulatum*、*S. armoricana*、*T. nitzschioides*、*T. leptopus*、*T. cocconeisformis* 这 9 种硅藻的优势度超过了 0.02,是 2020 年 10 月敖江口的优势种。除此之外,*Planothidium delicatulum* 和 *Aulacoseira granulata* 这 2 个属种虽然没有满足主要属种和优势种的筛选标准,但其作为淡水种在河口区以及沿岸站分布相对集中,属种含

量超过了 5%，具有特殊的生态指示意义，所以也将它们列入主要属种列表中。文中第一次提及硅藻时会使用属名全称表示，在后续写作中则使用简称表示，涉及的全部硅藻拉丁名以及对应简称对照表可参见附录 A。

表 3.5　敖江口主要硅藻属种优势度指数（加粗文本为当月优势种）

属种名	2020 年 10 月优势度	2021 年 1 月优势度	2021 年 4 月优势度
Planothidium delicatulum	0.006	**0.040**	0.006
Achnanthes suchlandtii	0.016	0.017	0.014
Actinocyclus ellipticus	0.019	0.011	0.014
Actinocyclus octonarius	**0.051**	**0.042**	**0.072**
Amphora coffeaeformis	0.006	**0.022**	0.002
Actinoptychus undulates	0.010	0.003	0.013
Aulacoseira granulata	0.013	0.005	0.015
Actinocyclus kuetzingii	**0.026**	**0.023**	**0.025**
Cyclotella striata	**0.172**	**0.103**	**0.214**
Delphineis amphiceros	0.016	0.012	0.014
Diploneis bombus	0.017	0.012	0.016
Fragilaria capucina	0.010	0.008	0.006
Nitzschia sociabilis	0.014	0.016	0.012
Paralia sulcata	**0.058**	**0.055**	**0.082**
Pleurosigma angulatum	**0.021**	0.009	0.015
Surirella armoricana	**0.023**	0.008	**0.024**
Thalassionema nitzschioides	**0.123**	**0.103**	**0.143**
Thalassiosira eccentrica	0.019	0.012	**0.021**
Thalassiosira leptopus	**0.030**	**0.025**	0.014
Tryblioptychus cocconeisformis	**0.032**	0.010	**0.035**

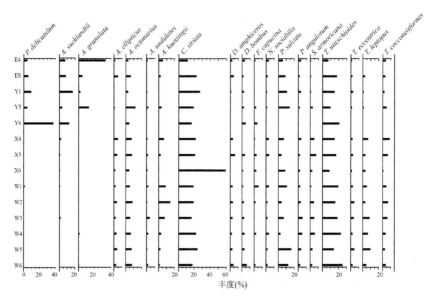

图 3.3　2020 年 10 月敖江口主要硅藻属种丰度

　　2021 年 1 月在福建敖江口共采得 24 份表层沉积物样品，除了 Y4、Y5、Y6、X1、M3 站点中硅藻较为稀少外，其余站点鉴定得到的硅藻种类非常丰富。从 2021 年 1 月的样品中共鉴定出硅藻 92 种，隶属于 33 个属。根据优势度的计算结果，主要硅藻属种组成包括以下 10 种：*P. delicatulum*、*A. suchlandtii*、*A. octonarius*、*A. coffeaeformis*、*A. kuetzingii*、*C. striata*、*N. sociabilis*、*P. sulcata*、*T. nitzschioides*、*T. leptopus*（主要属种的优势度如表 3.5 所示，含量变化如图 3.4 所示）。其中，*P. delicatulum*、*A. octonarius*、*A. coffeaeformis*、*A. kuetzingii*、*C. striata*、*P. sulcata*、*T. nitzschioides* 和 *T. leptopus* 这 8 种硅藻的优势度超过了 0.02，是 2021 年 1 月敖江口的优势种。

　　2021 年 4 月在福建敖江口共采得 13 份表层沉积物样品，除个别站点硅藻相对较少外，其余站点鉴定得到的硅藻种类非常丰富。从 2021 年 4 月的样品中共鉴定出硅藻 88 种，隶属于 36 个属。根据优势度计算结果，主要硅藻属种包括以下 17 种：*A. suchlandtii*、*A. ellipticus*、*A. octonarius*、*A. undulates*、*A. granulata*、*A. kuetzingii*、*C. striata*、*D. amphiceros*、*D. bombus*、*N. sociabilis*、*P. sulcata*、*P. angulatum*、*S. armoricana*、*T. nitzschioides*、*T. eccentrica*、*T. leptopus*、*T. cocconeisformis*（主要属种的优势度如表 3.5 所示，含量变化如图 3.5 所示）。其中，*A. octonarius*、*A. kuetzingii*、*C. striata*、*P. sulcata*、*S. armoricana*、*T. nitzschioides*、*T. eccentrica* 和 *T. cocconeisformis* 这 8 种硅藻的优势度大于 0.02，是 2021 年 4 月敖江口的优势种。除此之外，

P. delicatulum 虽然不满足优势种和主要属种的筛选条件，但是在 2021 年 4 月仅分布在敖江口 E5、Y3、X3 站点，且在这些站点含量超过 5%，具有特殊的生态指示意义，因此也将该种列入主要属种列表中。

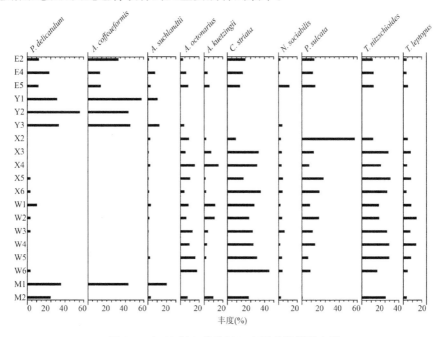

图 3.4　2021 年 1 月敖江口主要硅藻属种丰度

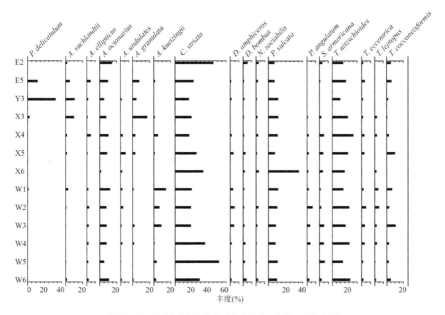

图 3.5　2021 年 4 月敖江口主要硅藻属种丰度

综上所述,根据硅藻鉴定结果,敖江口主要的表层沉积硅藻属种为 *P. delicatulum*、*A. suchlandtii*、*A. ellipticus*、*A. octonarius*、*A. granulata*、*A. coffeaeformis*、*A. undulates*、*C. kuztingii*、*C. striata*、*D. amphiceros*、*D. bomus*、*F. capucina*、*N. sociailis*、*P. sulcata*、*P. angulatum*、*S. armoricana*、*T. nitzschioides*、*T. eccentrica*、*T. leptopus* 和 *T. coccoeisformis*,共 20 种。其中,优势种为 *P. delicatulum*、*A. octonarius*、*A. coffeaeformis*、*A. kuetzingii*、*C. striata*、*P. sulcata*、*P. angulatum*、*S. armoricana*、*T. nitzschioides*、*T. leptopus* 和 *T. coccoeisformis*,共 11 种。主要属种的生态意义如下。

(1)优美曲壳藻(*Planothidium delicatulum*)(图 3.6)

P. delicatulum 是一种典型的淡水种[116],可以有效地指示低盐度的淡水水体。该种多发现于盐度较低的沿岸海域。黄玥在广西钦州湾[18]和珍珠湾[117]表层沉积硅藻分布的调查结果发现,该种主要集中分布于入湾河口附近,在受外海影响的区域几乎不出现。孟东平等[118]对汾河太原段水体浮游藻类生态位的研究发现,*P. delicatulum* 主要在清洁水体中大量繁殖,说明该种对水质情况有一定的要求。此外,该种对粗颗粒的砂质沉积物也具有指示意义,Sherrod[119]指出 *P. delicatulum* 是潮间带硅藻组合中的常见的底栖硅藻,主要依附在砂质沉积物表层生存;商志文[59]在渤海湾中北部表层沉积硅藻的研究中发现,*Amphora ovalis-Planothidium delicatulum* 组合主要分布在砂质为主的潮间带,主要附着物为砂,对砂环境具有指示作用。在敖江口,*P. delicatulum* 主要分布在河口区、沿岸站和闽江口等河水径流控制的区域,在外海影响的区域几乎不出现。

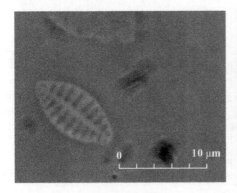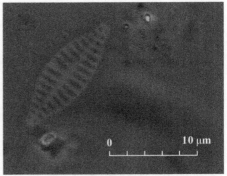

图 3.6 硅藻 *Planothidium delicatulum* 显微镜照片

（2）爱氏辐环藻（*Actioncyclus octonarius*）（图 3.7）

A. octonarius 是一种近岸海域常见的半咸水浮游种，主要生活在潮间带区域，在我国渤海湾[120]、黄河口[121]、长江口[122]、北部湾[123]等区域调查中均有发现，在多个海域都有相关报道[124,125]。该种在水中浮游生活，因而对水动力具有一定指示作用。沈林南等[126]在研究福建三沙湾表层沉积硅藻与环境因子的关系时发现，在水深较大、流速较大、水动力较强的区域，浮游种 *A. octonarius* 的含量明显增加。王天娇[61]在金州湾依据沉积环境特点对表层沉积硅藻进行组合划分时发现，*A. octonarius* 受潮流影响较大，是水动力较强的潮下带沉积环境的代表属种。此外，该种还可能对营养盐浓度具有一定指示作用。李磊[127]在黄河口邻近海域浮游植物百年演变特征的研究中指出，*A. octonarius* 含量显著增加与 1850 年的黄河改道至渤海导致渤海营养盐上升有关。Fan 等[128]在长江口表层沉积硅藻的研究中发现，*A. octonarius* 主要分布在高营养盐区域。在福建敖江口，该种主要分布于交错带和外海区，在 2021年 1 月和 4 月的河口区站点中有较多发现。

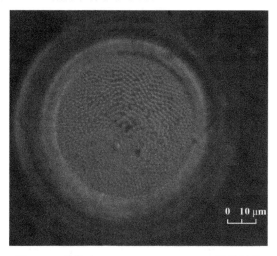

0　10 μm

图 3.7　硅藻 *Actioncyclus octonarius* 显微镜照片

（3）咖啡双眉藻（*Amphora coffeaeformis*）（图 3.8）

A. coffeaeformis 是一种淡水硅藻，在欧洲曾有报道[129]。在敖江口，该种主要集中分布在河口区和沿岸站点，在 2021 年 1 月闽江口站点也有所分布，而在其他区域几乎没有发现，与 *P. delicatulum* 分布特征相似。该种主要在 2021年 1 月的敖江口区域大量发现。

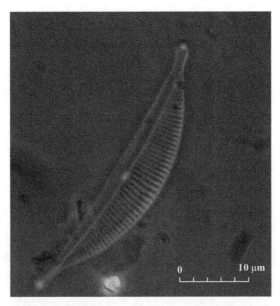

图 3.8　硅藻 *Amphora coffeaeformis* 显微镜照片

(4)颗粒沟链藻(*Aulacoseira granulata*)(图 3.9)

　　A. granulata 是一种淡水浮游种[130],常出现于透明度较差的水体中。有大量研究表明,该种对水体富营养化程度具有指示作用[131-133],是一种典型的污染指标[130]。Yang 等[134]研究指出,该种在中营养湖泊中占据绝对优势,但是在富营养至重营养湖泊中反而会逐渐减少。在敖江口,该种主要分布于受径流影响的河口区域。

图 3.9　硅藻 *Aulacoseira granulata* 显微镜照片

(5)库氏圆筛藻(*Actinocyclus kuetzingii*)(图 3.10)

该种壳面扁平,壳面孔纹呈束状和螺旋状,束内孔纹以中线作平行排列,每

10μm 有 7～8 个，向壳缘略微缩小；在壳缘内侧有一圈明显缩小的细孔纹；壳缘宽，2～3μm，具细条纹；束与束之间无间隙。本种壳缘内侧具一圈宽的细孔纹，颇似爱氏辐环藻（*Actinocyclus octonarius*）的构造，此特征可以与洛氏圆筛藻和细弱圆筛藻相区别。

A. kuetzingii 生态是海水环境，在福建金门（春季）大土参和连江的缢蛏、杂色蛤的消化道中[96]，以及我国东海大陆架表层沉积物中均有发现。此外，*A. kuetzingii* 还分布于西欧沿岸、欧洲和北美洲的北极海域。

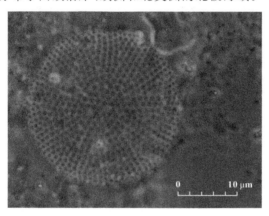

图 3.10　硅藻 *Actinocyclus kuetzingii* 显微镜照片

（6）条纹小环藻（*Cyclotella striata*）（图 3.11）

C. striata 是常见的河口区域半咸水种，主要分布于潮间带区域，在中国河口近海非常常见[59,135]。该种曾被认为是南海常见的沿岸流指示种[136]。在敖江口，该种在几乎所有站点都有发现，分布范围非常广泛。

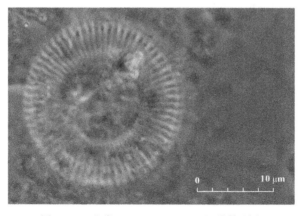

图 3.11　硅藻 *Cyclotella striata* 显微镜照片

(7)具槽直链藻(*Paralia sulcata*)(图 3.12)

P. sulcata 是常见的半咸水近岸底栖种,是中国近海表层沉积物中最常见的硅藻之一,在 50～100m 水深的浅海分布数量最多[137]。在敖江口,该种的分布特征与 *C. striata* 十分类似,几乎在所有站点都有发现,分布范围非常广泛。

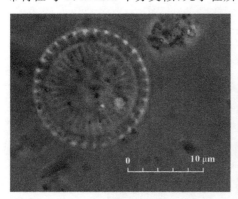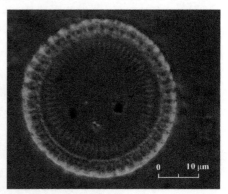

图 3.12　硅藻 *Paralia sulcata* 显微镜照片

(8)盔甲双菱藻(*Surirella armoricana*)(图 3.13)

该种壳面椭圆形,壳长 32～98μm,宽 20～56μm;一端略比另一端宽。杯状肋纹在边缘很宽,在近中轴区变弱;肋纹在中轴区呈棒形,其中部略缢缩;中轴区两端的肋纹呈分枝状。

S. armoricana 呈现海水底栖生活,主要分布在福建沿海,于台湾澎湖列岛的海藻上也有记录。*S. armoricana* 首次记录于法国大西洋沿岸的莫尔比昂。

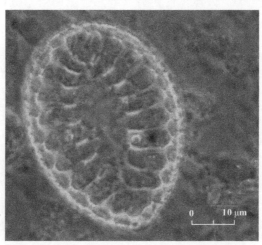

图 3.13　硅藻 *Surirella armoricana* 显微镜照片

（9）菱形海线藻（*Thalassionema nitzschioides*）（图 3.14）

T. nitzschioides 是世界性广布种，除南北两极地区以外，自赤道到高纬海区都有发现[49]。该种在我国南海[138]、东海[139]、黄海、渤海[140]等海域均有发现。黄元辉等[141]通过分析西太平洋边缘海表层沉积物中 *T. nitzschioides* 的百分含量变化与冬季温度之间的关系，证明了 *T. nitzschioides* 的广温、广布性。在敖江口，该种的分布特征与 *C. striata*、*P. sulcata* 十分类似，几乎在所有站点都有发现。

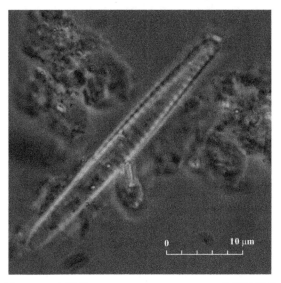

图 3.14　硅藻 *Thalassionema nitzschioides* 显微镜照片

（10）卵形褶盘藻（*Tryblioptychus cocconeisformis*）（图 3.15）

该种壳面宽椭圆形至近圆形；缘带有长方形孔纹，缘宽 2～4μm；壳面左右花纹均分成小块，每侧有 5～12 块，略呈波状起伏；每块有 3～4 行粗孔纹。

该种生态为海水生活，在福建沿海分布普遍；除冬季外，其余各个季节都有；在大型海藻上和海洋底栖动物（如土参、缢蛏、牡蛎、鲻鱼等）的消化道中采到，但数量不多；在菲律宾、印尼的爪哇有分布，西非亦常见。

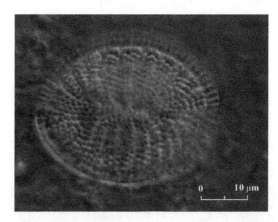

图 3.15 硅藻 *Tryblioptychus cocconeisformis* 显微镜照片

3.2.2 敖江口硅藻多样性空间分布特征

各站点计算得到的硅藻丰度和香农—威尔多样性指数的空间分布结果显示，从时间维度看，研究区硅藻丰度在 2020 年 10 月、2021 年 1 月、2021 年 4 月总体呈下降趋势，整体丰度的平均值从 2020 年 10 月的 0.71×10⁶ 粒/g 下降至 2021 年 4 月的 0.33×10⁶ 粒/g。不同小区域的丰度变化情况有所差异，河口区的硅藻丰度持续下降；沿岸站和交错带的硅藻丰度则呈现先下降后上升的趋势，在 2021 年 1 月处于低值；外海区的硅藻丰度却呈现先上升后下降的趋势，主要是由于 W1 站点硅藻丰度变化非常巨大。

从空间维度看，2020 年 10 月研究区硅藻丰度在河口区和外海区相对较高，最高值出现在外海区 W3 站点（1.65×10⁶ 粒/g），其次为河口区 E4 站点（1.52×10⁶ 粒/g），沿岸站区域的丰度最低，在 Y4 站点几乎没有发现硅藻。2021 年 1 月时硅藻丰度空间分布相对集中，在外海区的丰度最高并且与其他区域丰度差异较大，最高值出现在 W1 站点（2.64×10⁶ 粒/g），沿岸站区域的丰度最低，在 Y4、Y5 和 Y6 站点几乎没有发现硅藻。2021 年 4 月时交错带区域硅藻丰度相对较高，最高值出现在 X3 站点（0.73×10⁶ 粒/g），外海区丰度略低于交错带，沿岸站区域的丰度最低。

对于香农—威尔多样性指数（以下简称 SW 指数）而言，从时间维度看，2020 年 10 月、2021 年 1 月、2021 年 4 月的敖江口 SW 指数分别为 3.85、3.06和 3.84，总体呈先下降后上升的趋势，2021 年 1 月处于低值水平，2021 年 4 月升高到 2020 年 10 月的水平。河口区和外海区的 SW 指数持续小幅度下降,沿岸站和交错带则先下降后上升,2021 年 1 月下降到低值,2021 年 4 月回升到 2020 年 10 月的水平。

从空间维度看,2020 年 10 月敖江口的 SW 指数在除沿岸站区域以外的区域差别不大,最高值出现在 E4(4.65)和 Y5(4.65)站点,而在 Y1 和 Y4 站点 SW 指数低值区几乎没有发现硅藻。2021 年 1 月的低 SW 指数区域相比于 2020 年 10 月明显扩大,形成了一条大致呈南北走向的通道,将敖江口区域大致分成了三部分,SW 指数在河口区、交错带北部和外海区相对较高,在沿岸站、交错带南部以及闽江口区域相对较低。2021 年 4 月,敖江口整体 SW 指数差异不大,河口区和沿岸站的 SW 指数比交错带和外海区的相对较低。

3.2.3 硅藻种群稳定性和生产力

本研究使用硅藻丰度和 SW 指数计算敖江口各月表层沉积硅藻的多样性特征。硅藻丰度表征了区域内硅藻壳面个数的多寡,体现了硅藻种群的规模,而 SW 指数衡量了硅藻种群结构的丰富程度,体现了种群的稳定性。研究表明,表层沉积硅藻的绝对丰度与海洋初级生产力呈显著正相关[142],SW 指数被广泛用于河流湖泊的水质评价。一般而言,水质越好的区域,其水生生物群落结构越复杂,群落稳定性越高,SW 指数越高;反之,随着水质的逐步变差,水生生物群落结构则会越来越单一化,群落变得越来越脆弱,SW 指数越低。一般认为,SW 指数在 0~1 表示水体严重污染,1~2 为 α-中污染,2~3 为 β-中污染,大于 3 表示水体轻度污染或清洁[143]。

根据空间插值结果对河口区、沿岸站、交错带、外海区硅藻多样性和生产力进行判断。在 2020 年 10 月,河口区硅藻丰度和 SW 指数最高,表明该区域生产力最高,硅藻种群结构十分复杂稳定。河口区主要受到敖江径流的影响,径流输入带来的丰富营养盐促进了该区域硅藻种群的生长。外海区和交错带的硅藻丰度和 SW 指数相差不大,处于较高水平。沿岸站的硅藻丰度和 SW 指数相对较低,硅藻属种组成相对单一,水质相对较差,这与沿岸站的粗粒度沉积环境有关。粗粒度的沉积环境一方面指示了较强的水动力环境,不利于硅藻生长;另一方面,粗粒度的沉积物之间孔隙较大,易于氧化,不利于硅藻壳体的保存[144]。在 2021 年 1 月,河口区、沿岸站和交错带的硅藻丰度和 SW 指数均显著下降,这或许与敖江径流影响减弱和海水温度下降有关。首先,2021 年 1 月是敖江径流的枯水期,径流的减弱导致了河流输入营养盐的强度减弱;其次,2021 年 1 月表层海水温度(均值 11.63℃)与 2020 年 10 月相比(均值 21.35℃)大幅下降,从而导致了硅藻丰度的降低。外海区硅藻丰度和 SW 指数均有所上升,这与外海水团增强有关。浙闽沿岸流是影响敖江口的主要外海水团[90],冬季正是浙闽沿岸流最为强盛的时期,它带来的丰富营养盐[145]显著改善了外海区的水体环境,从而促进了外海区硅藻的生长。而在 2021 年 4 月,伴随着径流强度的恢复以及表层海水温度的回升,敖江口整体硅藻生产力情况相较于 2020 年 10 月也有所恢复。

综上所述,本节探究了 2020 年 10 月、2021 年 1 月和 2021 年 4 月福建敖江口及其邻近海域的表层沉积硅藻时空分布特征和变化情况,主要得出以下结论。

(1)在 2020 年 10 月、2021 年 1 月和 2021 年 4 月,敖江口表层硅藻主要属种包括 *P. delicatulum*、*A. suchlandtii*、*A. ellipticus*、*A. octonarius*、*A. granulata*、*A. coffeaeformis*、*A. undulates*、*A. kuetzingii*、*C. striata*、*D. amphiceros*、*D. bomus*、*F. capucina*、*N. sociailis*、*P. sulcata*、*P. angulatum*、*S. armoricana*、*T. nitzschioides*、*T. eccentrica*、*T. leptopus* 和 *T. coccoeisformis* 共 20 种,其中优势种为 *P. delicatulum*、*A. octonarius*、*A. coffeaeformis*、*A. kuetzingii*、*C. striata*、*P. sulcata*、*P. angulatum*、*S. armoricana*、*T. nitzschioides*、*T. leptopus* 和 *T. coccoeisformis* 共 11 种。

(2)敖江口硅藻绝对丰度和 SW 指数能够在一定程度上反映敖江口水体初级生产力的变化,敖江口水体初级生产力主要受到河水径流与外海浙闽沿岸流强度对比变化的影响,同时也受到了表层海水温度的影响。

3.3　敖江口表层沉积硅藻与环境因子之间的关系

本节综合了 2020 年 10 月、2021 年 1 月、2021 年 4 月的表层硅藻属种与环境因子数据,使用多元统计分析方法对硅藻属种与环境因子之间的关系进行分析,确定影响敖江口表层沉积硅藻生长与分布最重要的环境因子。

3.3.1　分析结果

多元统计分析使用 CANOCO 软件完成。在数据处理过程中,首先剔除了硅藻含量非常稀少以及硅藻鉴定个数不足 200 个的站点。

多元统计分析的第一步是对表层沉积硅藻属种进行去趋势对应分析（detrended correspondence analysis，DCA），以判明硅藻属种的分布特点，根据硅藻分布特点再选择对应的分析方法。根据 DCA 结果，轴一梯度长度（lengths of gradient）为 2.68（表 3.6），说明硅藻数据呈现非线性单峰分布的特点，即硅藻在某一梯度的生境中生长最合适，因此非线性的典范对应分析（CCA）比冗余分析（RDA）更适合用于敖江口表层沉积硅藻—环境变量的相关性分析研究。

CCA 中最重要的步骤之一是判断各环境因子是否能够独立影响硅藻分布组合，衡量该因子独立程度的系数为方差膨胀因子（variance inflation factor，VIF）。一个环境因子的 VIF 值越高，说明它与其他环境变量的共线性越高，与其他环境因子对硅藻的解释相互重叠的情况越严重，即两者之间存在强相关性[146]。为了更好地揭示硅藻与环境之间的关系，并尽可能简化模型，需要将高 VIF 的环境因子逐步剔除，最终使所有因子的 VIF 值小于 20。

首先投入所有环境因子进行 CCA，进行 VIF 检验，结果发现盐度（SSS）、电导率（C）和溶解性固体物（TDS）未通过检验（VIF＞20），说明三者之间存在强共线性，这与环境因子间的皮尔逊相关性检验结果一致（表 3.2）。在剔除了 C 和 TDS 后，剩余环境因子均通过了 VIF 检验，说明剩余的环境因子均能够独立影响硅藻分布组合。

对剩余的表层海水盐度、表层海水温度、pH、溶解氧、浊度、氧化还原电位、沉积物粒度（MD）这七个环境因子使用蒙特卡罗置换检验（999 次循环）进行进一步筛选，结果表明所有因子都通过了检验，进一步表明了这些环境因子能够独立影响硅藻组合。CCA 结果显示，模型的总解释率为 40.7%，各参数结果如表 3.6 所示。在 CCA 结果中，排序轴的特征根（eigenvalues）代表了该轴所承载的方差（介于 0 至 1 之间），值越大，排序轴的重要性越高[146]；环境—物种相关系数（pseudo-canonical correlation）表示排序轴与硅藻属种的相关性，值越大说明该轴与硅藻属种的相关性越高，排序轴的重要性越高；累计解释率（cumulative explain variation）表示排序轴对硅藻组合分布的解释程度，值越大，说明该轴的重要性越高。从表 3.6 中可以看出，CCA 前两轴环境—物种相关系数较高（0.88 和 0.76），前两轴累积解释率为 74.67%，可以解释大部分约束方差，而其他轴的解释率相对较低。

表 3.6　DCA 和 CCA 结果参数

方法	统计参数	轴一	轴二	轴三	轴四
DCA	特征根(eigenvalues)	0.418	0.110	0.049	0.033
	梯度长度(lengths of gradient)	2.68	2.14	1.42	0.95
	累计解释率(explain variation (cumulative))	32.24	40.68	44.42	46.93
CCA	特征根(eigenvalues)	0.308	0.091	0.043	0.036
	环境—物种相关系数(pseudo-canonical correlation)	0.879	0.757	0.829	0.767
	累计解释率(explain variation (cumulative))	57.62	74.67	82.72	89.38

各因子对 CCA 轴的贡献率如表 3.7 所示,数值的绝对值大小表示该因子的贡献率。从中可以看出,pH 对 CCA 轴一的贡献率最高(79.8%),是轴一最显著的环境因子;沉积物粒度对轴一的贡献率与 pH 十分接近(69.2%),是轴一次显著的环境因子;盐度对 CCA 轴二的贡献率最高(75.4%),是轴二最显著的环境因子,其他因子对轴二的贡献率远不及盐度。因而可以认为 pH 和盐度是影响敖江口表层沉积硅藻组合分布最为显著的环境因子,沉积物粒度是次显著环境因子。

表 3.7　各因子对 CCA 轴的贡献率

环境因子	CCA 轴			
	CCA1	CCA2	CCA3	CCA4
SST	−0.497	0.379	−0.544	−0.080
pH	−0.798	−0.100	0.052	−0.104
ORP	0.178	−0.482	0.130	0.258
Tur	0.512	−0.007	0.752	−0.323
DO	0.604	−0.145	0.005	0.522
SSS	−0.357	−0.754	−0.006	−0.253
MD	0.692	0.033	−0.426	−0.312

根据 CCA 结果绘制了硅藻属种—环境因子和站点—环境因子关系双序图,分别体现了具体的硅藻属种与环境因子的关系,以及特定站点中所包含的所有硅藻属种在环境特征上的倾向性。在 3.3.2 小节和 3.3.3 小节将分别对

双序图结果进行分析。

3.3.2　硅藻属种与环境因子的关系

硅藻属种与环境因子的 CCA 结果如图 3.16 所示。环境因子使用矢量箭头表示，矢量箭头在 CCA 轴一和轴二上的投影长度表示该环境因子对轴一和轴二的贡献率，矢量箭头之间的夹角表示环境因子之间的相关性。若夹角为锐角，说明因子之间呈正相关；若夹角为钝角，说明因子之间呈负相关；若夹角为直角，说明因子之间不相关。对于某一环境因子，可以将其矢量箭头反向延长，从而将其近似地看作这一环境因子的"数轴"。硅藻属种与环境因子的关系可以较为直观地根据属种在环境因子"数轴"上的分布情况进行判断。将属种点投影到特定环境因子的"数轴"上可以得到该属种在该环境因子上的"得分"，得分的绝对值越高说明环境因子对属种的影响越大，得分的正负号表示属种对环境因子的偏好。例如在图 3.16 中，将 *Aulacoseira granulata* 和 *Diploneis bombus* 这两个属种点垂直投影到盐度轴及其反向延长线进行比较可以发现，*D. bombus* 比 *A. granulata* 更靠近盐度轴的正方向，说明前者更加喜好相对高盐度的环境。也可以用同样的方法对其他属种及其与环境因子之间的关系进行解读。

根据硅藻—环境因子关系的 CCA 结果，可以大致将硅藻属种在图中的分布划分为 3 个区域。Ⅰ区表示对粗粒度沉积物具有指示意义的硅藻，它们均位于粒度轴的正方向上，表示与粒度呈正相关关系。同时，它们也基本位于盐度轴的负方向上，表示与盐度呈负相关关系。Ⅱ区表示敖江口发现的淡水硅藻（注意Ⅱ区包含Ⅰ区），它们均位于盐度轴的负方向上，表示与盐度呈负相关关系。除Ⅰ区以外的Ⅱ区硅藻在粒度轴的得分不高，说明这些硅藻仅对低盐度具有指示作用，并非所有淡水硅藻都对粒度具有指示作用。Ⅲ区表示敖江口发现主要的海水种，它们属于潮间带种。*A. octonarius*、*C. striata*、*D. bombus*、*N. sociabilis*、*P. sulcata*、*S. armoricana*、*T. nitzschioides*、*T. eccentrica* 和 *T. cocconeisformis* 等种能在大部分站点发现，属于敖江口海域的常见种，因而对环境因子并不非常敏感，分布比较集中。

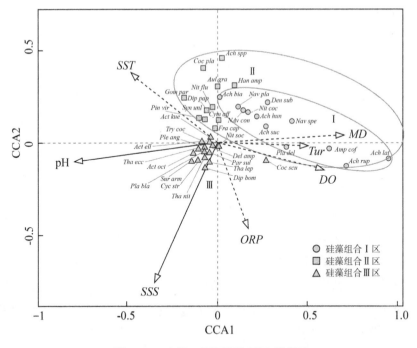

图 3.16　硅藻—环境因子 CCA 排序图

属种简称与全称见附录 A,圆形标识表示对粗粒度沉积物具有指示意义的硅藻(硅藻组合Ⅰ区);正方形标识表示主要淡水种(硅藻组合Ⅱ区);三角形标识表示主要海水种(硅藻组合Ⅲ区)

3.3.3　站点与环境因子的关系

　　站点—环境因子关系的 CCA 结果如图 3.17 所示。虽然同样体现了站点与环境因子之间的相关性,但是 CCA 和 PCA 的结果所包含的意义并不相同。PCA 结果图中的站点与环境因子的关系仅表示该站点所在区域的环境特征趋势,这些站点不包含硅藻属种信息,而 CCA 中的站点包含了该点的硅藻组合,CCA 结果图中的站点与环境因子关系表示了站点硅藻组合的环境特征趋势。例如,对于 2020 年 10 月河口区站点 E4 和 E5,在 PCA(图 3.2)和 CCA 结果图中,这两个站点都分布在盐度轴的负方向上,但表示的含义不同:PCA 结果表示这两个站点所在的区域具有相对低盐度的特征,CCA 结果表明这两个站点中的硅藻组合主要指示相对低盐度的水体特征,且以淡水种组合为主。

　　根据站点—环境因子关系的 CCA 结果可以发现:2020 年 10 月的站点首先在盐度轴上呈显著的梯度分布。若将盐度轴沿负方向延长,将其作为坐标轴,则河口区、沿岸站、交错带和外海站点依次沿盐度正方向分布。其中,代表河口区和沿岸站的 E4、E5 和 Y5 站点分布在了盐度轴的负方向上,表示这些区域主要硅藻组合指示了相对低盐度的水体环境。根据硅藻聚类分析结果可知,这些区域主要硅藻属种为淡水种,这应该是敖江径流流经这些区域造成的,主要体现了敖江径流的影响。外海区被分为了两部分,分布在原点两侧;外海区南部 W1 和 W2 站点与外海区中北部 W3、W4、W5、W6 站点相比,分布在盐度轴负方向上,这表示南部区域与中北部区域相比盐度相对较低,但外海区并不是低盐度区域,它的盐度要比河口区和交错带高,淡水种含量非常少。造成外海区不同区域盐度相对差异的原因是闽江径流的影响,外海区南部靠近闽江口,受到闽江径流的影响较大。在 pH 轴方向上,代表交错带北部的 X4、X5、X6 站点主要沿 pH 正方向分布。和盐度轴相比,这些站点与 pH 轴正方向几乎没有夹角,说明交错带北部硅藻组合与 pH 关系更加紧密,对 pH 的响应更为强烈。

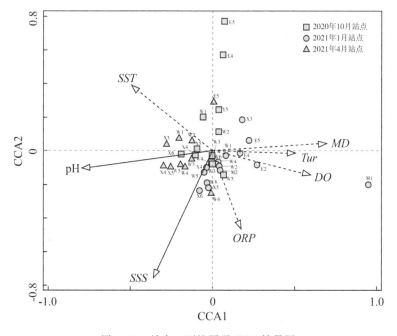

图 3.17 站点—环境因子 CCA 结果图

对于 2021 年 1 月站点,首先在盐度轴方向上,相比于 2020 年 10 月站点分布相对集中,盐度梯度较小。与 2020 年 10 月相比,河口区 E2、E4 和 E5 站点在盐度轴上的得分显著增大,分布在盐度轴的原点附近,浊度、溶解氧、粒度的正方向上,这表明 2021 年 1 月河口区主要硅藻组合对低盐度淡水的指示大大减弱,对沉积物粒度的指示有所增强。聚类分析结果也显示了该区域淡水硅藻组合含量较低,指示粒度的硅藻组合含量相对较高。这是由于 2021 年 1 月敖江径流强度减弱,河口区水动力减弱,浊度上升,沉积环境变差。与河口区类似,外海区南部 W1、W2 站点与 2020 年 10 月相比也发生了较大变化,分布在了盐度的正方向上。2021 年 1 月外海区站点分布相对集中,区域内盐度差异较小,这与闽江径流强度减弱有关。此外,与 2020 年 10 月相比,代表交错带北部的 X4、X5、X6 站点分布位置发生了改变,在盐度轴正方向上而非 pH 轴上,这表明在 2021 年 1 月盐度要比 pH 对交错带北部主要硅藻组合的影响更加强烈。从 2021 年 1 月总体的分析结果来看,盐度的变化对敖江口的影响是整体性的,是一次全域性的冲击。除了敖江和闽江径流减弱外,这或许与浙闽沿岸流强度增强有关。冬季是浙闽沿岸流的强盛期,也是敖江和闽江径流强度的最弱期。外海的强盛导致敖江口水体盐度相对升高,使得高盐度水体范围大幅度扩展,特别在交错带北部,盐度超过了 pH 的影响,成了影响交错带北部水体硅藻分布最为显著的因子。

2021 年 4 月站点分布情况与 2020 年 10 月相似。在盐度方向上,代表河口区的 E5 站点重新回到了盐度轴的负方向上,与 2020 年 10 月结果类似,这意味着 2021 年 4 月敖江口径流强度的恢复。与河口区类似,代表外海区南部的 W1、W2 站点重新分布在了盐度的负方向上,外海区内部产生了一定的盐度差异,这也意味着 2021 年 4 月闽江口径流强度的恢复。交错带北部的 X4、X5、X6 站点从 2021 年 1 月盐度正方向分布重新回到了 pH 正方向分布上。

3.4 主要环境变量的选取

综上所述,硅藻—环境因子的 CCA 结果表明,盐度和 pH 是影响敖江口硅藻分布特征的主要环境因子。根据敖江口环境因子的 PCA 结果(3.1.3 小节)发现,盐度和温度是空间维度变化最为显著的环境因子。为了确定构建硅藻—环境转换函数的主要环境变量,可以通过计算偏 CCA 中每个环境变量第一约束轴(λ_1)与第一无约束轴(λ_2)的特征值之比来进行排序,当 λ_1/λ_2 的值大于 1.0 时,表明该变量在训练集中代表了一个重要的生态梯度[146]。

偏 CCA 结果表明,表层海水盐度(SSS)的 λ_1/λ_2 的比值为 2.468,在各环

境因子中比值最大,且数值大于 1.0(表 3.8),表明 SSS 是研究区域中对硅藻分布贡献率最大的环境变量[146],是主要的环境因子。在以往的研究中也发现,SSS 是控制河口环境中硅藻分布的重要因素之一[147-149,68]。因此,下文选择以盐度作为主要环境变量,建立硅藻—盐度转换函数来重建过去沿海环境变化。

表 3.8　各环境变量的 λ_1/λ_2 检验结果

环境变量	λ_1	λ_2	λ_1/λ_2
SSS	0.072	0.029	2.468
SST	0.025	0.085	0.292
pH	0.092	0.111	0.825
ORP	0.054	0.063	0.857
Tur	0.031	0.082	0.377
DO	0.038	0.091	0.415
MD	0.053	0.114	0.469

本节主要使用了 CCA 方法研究敖江口表层沉积硅藻与环境因子之间的关系。根据 CCA 结果,主要得出以下结论。

(1)盐度和 pH 是影响敖江口表层沉积硅藻分布特征的主要环境因子,沉积物粒度是影响硅藻分布的次显著环境因子。硅藻分布更多受到了空间因素的主导。

(2)河口区和沿岸站区域主要分布淡水硅藻,主要受敖江径流的影响。沿岸站部分区域粗颗粒砂质沉积物含量较高,会对沿岸站分布的淡水硅藻产生二次筛选作用,筛去个体较大的硅藻,保留个体较小的硅藻。

(3)外海区主要分布海水硅藻,受到外海浙闽沿岸流的影响。外海区南部与北部存在一定的盐度差异,南部的盐度比北部略低,可能是受到闽江径流的影响。

(4)偏 CCA 结果表明表层海水盐度是研究区硅藻分布的主要决定因素,因此下文选择盐度作为主要环境变量,建立硅藻—盐度转换函数。

第 4 章

敖江口岩芯硅藻特征与粒度组成

沉积物中保存了丰富的生态系统变化信息,通过沉积记录可以重建生态系统和环境长期变化过程。硅藻是水生态系统中主要初级生产者之一,处于食物链底端,对维持水生态系统健康和稳定具有重要作用。硅藻壳体能够较好地保存在沉积物中,因此是古环境研究中常用的代用指标之一。在第 3 章中,分析了敖江口表层沉积硅藻的情况,本章则继续分析在研究区内采集的 3 个沉积岩芯的硅藻分布情况,以及岩芯的粒度组成。

4.1 岩芯信息及其处理流程

本研究使用的岩芯样品 HK3、NT1 和 TT1 是 2021 年 10 月在福建敖江口河口区域使用泥滩采样器分别在光滩、近岸滩涂和盐沼区域人工采得(图4.1)。采得的岩芯进行现场密封后运回实验室。

在实验室中对岩芯样品进行切片,以 5cm 的间隔进行采样,HK3 和 NT1 岩芯各获得 20 个样品;TT1 顶部 10cm 样品由于运输过程中受到了轻微的损坏,将其去除后以 5cm 的间隔进行采样,获得了 18 个样品,因此,3 个岩芯共获得 58 个样品。对各个样品进行称量取样,再分别进行硅藻提取鉴定与粒度测试,处理方法详见 2.3 小节,最后获得各岩芯的硅藻鉴定结果和粒度测试结果。

图 4.1 采样照片

4.2 岩芯主要硅藻及优势种

从 20 个 HK3 层位样品中共鉴定出硅藻 81 种,隶属于 41 属。根据优势度计算结果,HK3 主要的硅藻属种组成包括以下 23 种:*P. delicatulum*、*A. suchlandtii*、*A. octonarius*、*A. undulates*、*A. coffeaeformis*、*A. granulata*、*Cocconeis scutellum*、*Coscinodiscus radiatus*、*C. striata*、*Cymbella affinis*、*D. amphiceros*、*D. bombus*、*Gomphonema parvulum*、*P. sulcata*、*Navicula placentula*、*Navicula spectabilis*、*N. sociabilis*、*P. angulatum*、*S. armoricana*、*T. nitzschioides*、*T. eccentrica*、*T. leptopus*、*T. cocconeisformis*(主要属种优势度如表 4.1 所示,含量变化如图 4.2 所示)。其中,*P. delicatulum*、*A. suchlandtii*、*A. octonarius*、*A. coffeaeformis*、*C. striata*、*C. affinis*、*G. parvulum*、*P. sulcata* 和 *T. nitzschioides* 的优势度大于 0.02,是 HK3 岩芯中的优势种。

表 4.1　HK3、NT1 和 TT1 岩芯主要硅藻属种优势度

属种名	HK3 岩芯	NT1 岩芯	TT1 岩芯
Achnanthes suchlandtii	0.032	0.008	0.053
Actinocyclus kuetzingii	0.009	0.019	0.015
Actinocyclus octonarius	0.067	0.073	0.045
Actinopgclus undulates	0.009	0.005	0.004
Amphora coffeaeformis	0.035	0.053	0.087
Aulacosira granulata	0.011	0.104	0.001
Cocconeis placentula	0.004	0.004	0.001
Cocconeis scutellum	0.006	0.022	0.001
Coscinodiscus radiatus	0.016	0.005	0.009
Cyclotella striata	0.159	0.123	0.156
Cymbella affinis	0.032	0.005	0.006
Delphineis amphiceros	0.007	0.006	0.003
Diploneis bombus	0.011	0.009	0.007
Gomphomema parvulum	0.027	0.003	0.001
Navicula placentula	0.01	0.007	0.002
Navicula spectabilis	0.012	0.007	0.014
Nitzschia cocconeisformis	0.002	0.012	0.001
Nitzschia sociabilis	0.016	0.023	0.005
Paralia sulcata	0.058	0.042	0.036
Planothidium delicatulum	0.078	0.049	0.247
Pleurosigma angulatum	0.005	0.002	0.001
Surirella armoricana	0.014	0.011	0.004
Thalassionema nitzschioides	0.113	0.076	0.075
Thalassiosira eccentrica	0.017	0.009	0.018
Thalassiosira leptopus	0.014	0.017	0.018
Tryblioptychus cocconeisformis	0.019	0.016	0.015

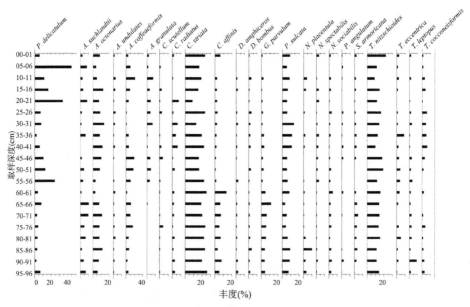

图 4.2　HK3 主要硅藻属种丰度变化

从 20 个 NT1 层位样品中共鉴定出硅藻 77 种,隶属于 37 属。根据优势度计算结果,NT1 主要硅藻属种组成包括以下 21 种:*A. octonarius*、*A. coffeaeformis*、*A. granulata*、*A. kuetzingii*、*Cocconeis placentula*、*C. scutellum*、*C. radiatus*、*C. striata*、*D. amphiceros*、*D. bombus*、*N. placentula*、*N. spectabilis*、*Nitzschia cocconeisformis*、*N. sociabilis*、*P. delicatulum*、*P. sulcata*、*S. armoricana*、*T. nitzschioides*、*T. eccentrica*、*T. leptopus* 和 *T. cocconeisformis*(主要属种优势度如表 4.1 所示,含量变化如图 4.3 所示)。其中,*P. delicatulum*、*A. octonarius*、*A. coffeaeformis*、*A. granulata*、*C. scutellum*、*C. striata*、*N. sociabilis*、*P. sulcata* 和 *T. nitzschioides* 的优势度大于 0.02,是 NT1 岩芯中的优势种。

从 18 个 TT1 层位样品中共鉴定出硅藻 60 种,隶属于 34 属。根据优势度计算结果,TT1 主要硅藻属种组成包括以下 15 种:*P. delicatulum*、*A. suchlandtii*、*A. octonarius*、*A. coffeaeformis*、*A. kuetzingii*、*C. radiatus*、*C. striata*、*D. bombus*、*N. spectabilis*、*N. sociabilis*、*P. sulcata*、*T. nitzschioides*、*T. eccentrica*、*T. leptopus* 和 *T. cocconeisformis*(主要属种优势度如表 4.1 所示,含量变化如图 4.4 所示)。其中,*P. delicatulum*、*A. suchlandtii*、*A. octonarius*、*A. coffeaeformis*、*C. striata*、*P. sulcata* 和 *T. nitzschioides* 的优势度大于 0.02,是 TT1 岩芯的优势种。

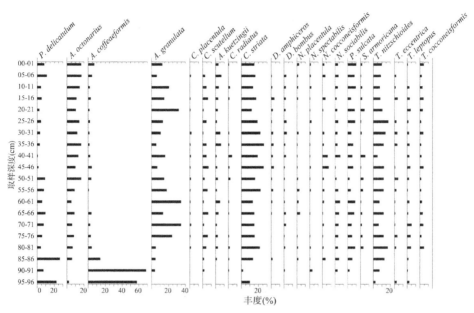

图 4.3　NT1 主要硅藻属种丰度变化

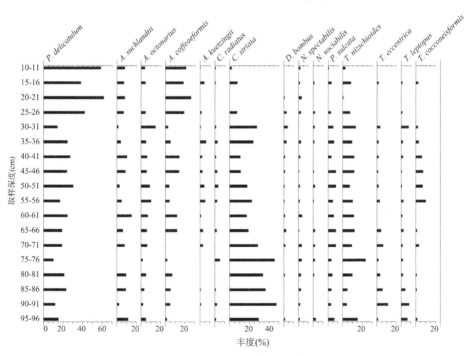

图 4.4　TT1 主要硅藻属种丰度变化

综上所述,根据对 HK3、NT1、TT1 岩芯层位样品中的硅藻属种进行鉴定,主要硅藻属种包括以下 26 种:*P. delicatulum*、*A. coffeaeformis*、*A. granulata*、*A. octonarius*、*A. suchlandtii*、*A. undulates*、*C. affinis*、*A. kuetzingii*、*C. placentula*、*C. radiatus*、*C. scutellum*、*C. striata*、*D. amphiceros*、*D. bombus*、*G. parvulum*、*N. cocconeisformis*、*N. placentula*、*N. sociabilis*、*N. spectabilis*、*P. angulatum*、*P. sulcata*、*S. armoricana*、*T. cocconeisformis*、*T. eccentrica*、*T. leptopus* 和 *T. nitzschioides*。其中,优势度大于 0.02 的优势种包括以下 12 种:*P. delicatulum*、*A. suchlandtii*、*A. octonarius*、*A. coffeaeformis*、*A. granulata*、*C. scutellum*、*C. striata*、*C. affinis*、*G. parvulum*、*N. sociabilis*、*P. sulcata* 和 *T. nitzschioides*。

4.3 岩芯沉积物粒度组成及沉积结构

HK3 沉积物粒度特征如图 4.5 所示。整个岩芯沉积物类型主要以粉砂质砂和砂质粉砂为主,在深度 25—35cm,75—80cm,85—90cm 之间为砂—粉砂—黏土混合层,35—45cm 之间为黏土质粉砂。HK3 岩芯中黏土与粉砂含量波动幅度较小,砂含量变化较大,且呈现由底部向表层增加的变化趋势,其中在 5—15cm、15—20cm、45—65cm、85—96cm 之间砂含量存在峰值。

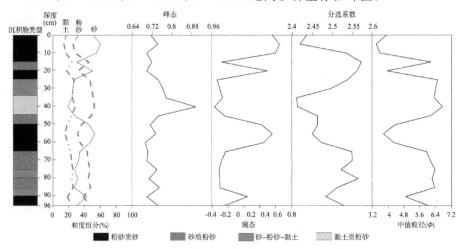

图 4.5　HK3 岩芯沉积物粒度特征

NT1 岩芯取自河口盐沼区域,实际取样长度 96cm,沉积物粒度特征如图 4.6 所示。在整个剖面上,沉积物类型主要以黏土质粉砂为主,在表层以下 85—90cm 之间为砂质粉砂,90—96cm 之间为砂。NT1 岩芯在表层以下 0—70cm 之间的砂、黏土、粉砂含量几乎没有波动。

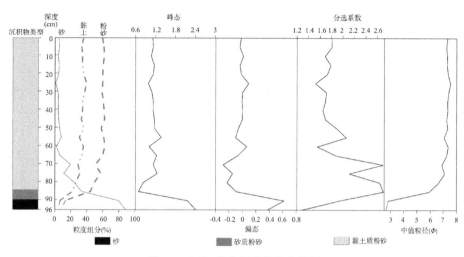

图 4.6　NT1 岩芯沉积物粒度特征

　　TT1 岩芯取自河口滩涂区域,实际取样长度 86cm,沉积物粒度特征如图 4.7 所示。TT1 岩芯的沉积物类型比较复杂,粉砂质砂含量较多,在表层以下 60—96cm 之间存在粉砂质砂—黏土砂质互层,在 55—60cm 之间存在砂质粉砂,在 30—35cm 之间存在黏土质粉砂,在 15—25cm 之间存在砂—粉砂—黏土混合层。TT1 岩芯的黏土和粉砂含量变化趋势相同,呈现由底部向表层逐渐增加的趋势,在 25—35cm 之间含量突然上升,又很快下降,引发了岩芯沉积物类型的突变。砂含量呈现由底部向表层逐渐下降的趋势,且波动变化相对剧烈,在 50—60cm、25—40cm 以及 15—25cm 之间含量突然下降,又很快上升,因此 TT1 岩芯的沉积物粒度主要受到砂含量变化的控制。

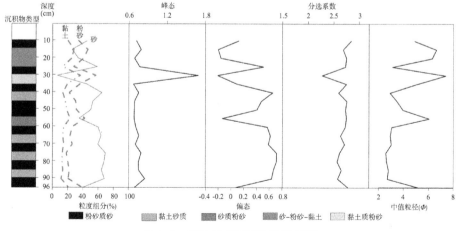

图 4.7　TT1 岩芯沉积物粒度特征

4.4　表层沉积硅藻与岩芯硅藻对比

为了对比岩芯硅藻与表层沉积硅藻组成的关系，将三个岩芯中的硅藻与表层硅藻进行相关性分析（表 4.2），可以发现 HK3 岩芯的硅藻组成与 2020 年 10 月、2021 年 1 月和 2021 年 4 月表层硅藻优势度相关性最为显著，分别为 0.858、0.914 与 0.863。NT1 岩芯与 2020 年 10 月、2021 年 1 月和 2021 年 4 月的硅藻优势度相关性分别为 0.619、0.618 与 0.631。TT1 岩芯与 2020 年 10 月、2021 年 1 月和 2021 年 4 月表层硅藻优势度相关性最低，分别为 0.33、0.538 与 0.337。该结果表明了 HK3 岩芯硅藻属种与表层硅藻属种类型与种群结构最为相似，而岩芯中的主要硅藻属种和优势种组成与表层沉积物中的主要表层沉积硅藻属种和优势种组成类似，可以认为该区域过去至现在的环境变化具有连续性，满足将今论古的研究原则。因此，我们可以使用现代硅藻组合所承载的环境信息去指代过去硅藻组合所承载的环境，从而使用转换函数法进行古环境重建。

表 4.2　HK3、NT1 和 TT1 岩芯主要硅藻属种优势度与表层硅藻优势度相关性分析

	2020 年 10 月硅藻优势度	2021 年 1 月硅藻优势度	2021 年 4 月硅藻优势度
HK3 岩芯硅藻优势度	0.858**	0.914**	0.863**
NT1 岩芯硅藻优势度	0.619**	0.618**	0.631**
TT1 岩芯硅藻优势度	0.330	0.538*	0.337

** 在 0.01 级别（双尾），相关性显著；* 在 0.05 级别（双尾），相关性显著。

根据三个岩芯的硅藻属种组成、岩芯沉积物粒度特征和沉积结构以及岩芯观察，可以发现 HK3 岩芯硅藻组合所承载的环境信息丰富且可译，并且岩芯沉积连续，人为扰动程度弱。因此，选择 HK3 岩芯构建年代框架，并根据表层硅藻与环境变量构建的转换函数以及 HK3 岩芯硅藻属种信息定量重建 HK3 岩芯记录的环境要素。

第 5 章

敖江口硅藻－环境转换函数构建

硅藻不仅是现代水体环境研究的重要对象,也是揭示过去环境变化、进行古环境重建的良好指标。当地层中埋藏的沉积硅藻属种组成与表层某一环境下的沉积硅藻属种组成相似时,可以认为该区域过去的环境与现代表层的环境类似,可以使用现代硅藻组合所承载的环境信息去指代过去硅藻组合所承载的环境意义,从而实现古环境重建。这便是古环境研究中"将今论古"原则的含义。

转换函数法是古环境重建中常用的定量研究方法。基于将今论古的原则,我们使用函数关系式定量描述现代表层沉积硅藻与特定环境因子之间的关系,并将地层中的硅藻属种作为自变量代入到这个函数中,从而定量重建特定环境因子的变化情况。

使用转换函数法进行古环境重建的第一步是需要确定现代表层沉积硅藻与环境因子之间的关系,从众多环境因子中筛选出与硅藻联系最紧密,对硅藻分布影响最显著的环境因子,作为重建的目标环境因子,以提高重建结果的可靠性和准确性。第 3 章已通过筛选,选择盐度作为主要环境变量。第二步是建立转换函数模型,使用 C2 软件进行模拟,依据结果中的模型参数选择最优的模型,并根据地层中硅藻属种信息定量计算出特定环境因子的重建结果。第三步是检验转换函数模型,将第二步得到的环境因子重建结果与实际气象观测结果进行相关性分析,以检验模型的准确性。

在本章中,首先对采得的岩芯样品中主要硅藻以及优势种群进行描述,随后使用[210]Pb 法进行岩芯年代框架的建立,最后通过表层沉积硅藻、现代环境因子、岩芯中的硅藻属种以及年代框架等信息,建立转换函数模型并进行筛选,结合现代气测数据检验模型准确性,最终确定最优的转换函数模型,以期为未来敖江口区域古环境研究提供一定的基础。

5.1 HK3 岩芯年代框架建立

本研究所采集的岩芯样品深度较短,参考研究区周边河口海湾的岩芯沉积速率测定结果[150,16],推测其年代跨度为十年至百年尺度,而^{210}Pb 法是建立百年尺度年代框架的有效方法。因此,本研究使用^{210}Pb 法建立 HK3 岩芯的年代框架,测定岩芯各层位的^{210}Pb$_{ex}$比活度。

HK3 岩芯的^{210}Pb$_{ex}$比活度为$(54.3\pm9.4)\sim(161.9\pm11.45)$Bq/kg。根据岩芯粒度结果,HK3 岩芯的平均粒径范围为 4.5~6.3Φ,粒径$<4\mu m$ 的黏土含量为 14.0%~27.9%。^{210}Pb$_{ex}$作为一种粒子活性的放射性核素,容易吸附在细粒沉积物中,其中主要吸附在黏土组分上。在之前的研究中,学者在东海沿海地区的沉积物岩芯中发现黏土组分含量(CF,$<4\mu m$)与^{210}Pb$_{ex}$之间存在很强的正相关[108]。结合东海沉积物表层资料,^{210}Pb$_{ex}$活性与 CF 呈正相关($r=0.668$, $P<0.001$),说明归一化黏土组分对沉积物中^{210}Pb 的清除作用至关重要。在恒河—布拉马普特拉河流域,^{210}Pb 几乎完全被$<4\mu m$ 直径的沉积物所吸附,两个变量之间有较强的线性关系[151]。该影响可以通过将^{210}Pb$_{ex}$归一化到标准的黏土含量来消除。经过归一化粒度校正的^{210}Pb$_{ex}$比活度可以更准确地指示河口沉积速率。根据每个样品中黏土含量($<4\mu m$)的百分比,将^{210}Pb$_{ex}$比活度校正归一化到平均黏土含量上,计算公式如下[108,109]:

$$^{210}Pb_{norm} = {}^{210}Pb_{sample} - a_{slope} \times (CF_{sample} - CF_{reference}) \tag{5-1}$$

式中,^{210}Pb$_{norm}$为粒径归一化后的^{210}Pb$_{ex}$活性(Bq/kg),^{210}Pb$_{sample}$为沉积物样品测定的^{210}Pb$_{ex}$(Bq/kg)比活度,a_{slope}是根据^{210}Pb$_{ex}$比活度与黏土组分之间的线性关系($y=4.8243x-6.3897$, $R^2=0.64$)计算出的斜率值。CF_{sample}为粒度$<4\mu m$ 的百分比含量。计算得到的^{210}Pb$_{ex}$活性变化范围为$(54.3\pm9.4)\sim(161.9\pm11.45)$Bq/kg(图 5.1)。样品的^{137}Cs 比活度的测定结果为 0,推测该区域可能对^{137}Cs 的几次峰值没有有效的记录。

根据计算得到的^{210}Pb$_{ex}$比活度变化特征如图 5.1 所示。采用 CIC 模型计算 HK3 岩心的沉积速率为 2.56cm/a。^{210}Pb 年代测算表明在深度 95~96cm 处的年代为 1884 年,在深度 0~1cm 处的年代为 2021 年。具体年代变化如表5.1所示。

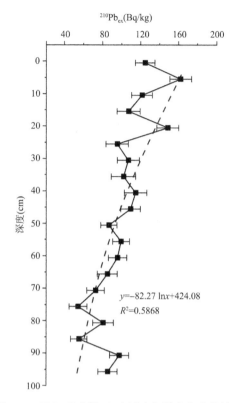

图 5.1　HK3 岩芯 ^{210}Pb 比活度与深度拟合曲线图

表 5.1　HK3 岩芯 ^{210}Pb 年代

样品层位(cm)	计算深度(cm)	年份
0—1	0.5	2021
5—6	5.5	2019
10—11	10.5	2017
15—16	15.5	2015
20—21	20.5	2013
25—26	25.5	2011
30—31	30.5	2009
35—36	35.5	2007
40—41	40.5	2005
45—46	45.5	2003

续表

样品层位(cm)	计算深度(cm)	年份
50—51	50.5	2001
55—56	55.5	1999
60—61	60.5	1997
65—66	65.5	1995
70—71	70.5	1993
75—76	75.5	1992
80—81	80.5	1990
85—86	85.5	1988
90—91	90.5	1986
95—96	95.5	1984

5.2 硅藻—环境因子转换函数模型建立

使用 C2 软件建立表层沉积硅藻与盐度的转换函数模型,模型包括加权平均回归模型(WA)、偏最小二乘法加权平均回归模型(WA-PLS)、偏最小二乘法回归模型(PLS)和 Imbrie&Kipp 因子模型(IKM)四种,并使用"留一法"进行交叉检验。筛选结果如表 5.2 所示。

加权平均回归与校正模型(WA)模型是基于属种对环境变量的单峰响应的生态学原理设计的,其属种最大出现率应该在其环境最佳值或该值附近。由于在计算中对初始值进行了两次加权导致其变小,为了得到准确推导值需将其还原。根据还原方式的不同和对属种忍耐值的降权与否,可以将 WA 分为传统加权平均(WA_Cla)和反向加权平均(WA_Inv),以及对属种忍耐值降权的传统加权平均(WA_{tol}_Cla)和反向加权平均(WA_{tol}_Inv)。

偏最小二乘法加权平均回归与校正模型(WA-PLS)结合了最小二乘法、利用反向还原回归方法进行最后的环境指标重建。该模型是在加权平均回归的基础上,对前一个函数残余的信息量进行多次提取和优化从而达到提高转换函数推导能力的目的。其优点是考虑了硅藻数据的残余结构,并通过每一次残余结构组分的不断提取,提高硅藻属种的环境适宜值计算的准确性,降低推导误差和最大偏差[113]。WA 和 WA$_{tol}$模型无论在数学原理还是计算上都相对比较简单,而 WA-PLS 则可以算作是 WA 方法的优化和递进。

表 5.2 表层沉积硅藻—盐度转换函数模型检验结果

	方法	R^2_{Jack}	$Maximum\ bias_{Jack}$	$RMSEP_{Jack}$
WA	WA_Inv	0.12	4.78	1.57
	WA_Cla	0.17	3.35	2.25
	WA$_{tol}$_Inv	0.03	5.11	1.81
	WA$_{tol}$_Cla	0.03	4.08	3.20
PLS	Component 1	0.10	5.21	1.58
	Component 2	0.11	4.79	1.66
	Component 3	0.32	4.56	1.34
	Component 4	0.30	4.31	1.40
	Component 5	0.36	3.91	1.31
WA-PLS	Component 1	0.12	4.78	1.57
	Component 2	0.24	3.72	1.42
	Component 3	0.29	3.33	1.37
	Component 4	0.36	3.02	1.29
	Component 5	0.37	3.11	1.29
IKM	IKM 1-1	0.05	5.75	1.65
	IKM 1-2	0.02	5.64	1.66
	IKM 1-3	0.02	5.53	1.66
	IKM 1-4	0.00	5.63	1.78
	IKM 1-5	0.02	5.59	1.68

Imbrie & Kipp 因子模型(IKM)是基于主成分分析(PCA)或因子分析的方法,它的目的是通过将不同的类群聚类成几个与特定环境变量相关的物种(成分或因素)组来降低数据集的复杂性。然后,通过线性或二次回归将每个环境变量与这些因素联系起来。IKM 被广泛用于海洋温度和海冰重建等方面。

一般而言,WA 模型的结果在特定区间内推导值与实测值之间的关联会有比较好的表现[113]。PLS 模型则结合了主成分分析以及多元回归分析的特点,在提取潜在的解释变量因素的同时,能在解释自变量与因变量之间的内在信息中表现出色。WA-PLS 模型则是 WA 模型和 PLS 模型的进一步优化,具有更小的推导误差 RMSEP。

如表 5.2 所示,四种不同的方法分别包含四种不同组分的模型结果,它们之间的差别在于计算时所包含的组分差异,组分越多,模型越复杂,残差或剩余的未解释信息就越少。R^2_{Jack} 参数表示该模型校准后的方差,值越大说明模型承载的信息越大,对环境因子的重建效果越好。$RMSEP_{\text{Jack}}$ 表示该模型校准后的推导误差,值越小说明该模型推导值和观测值之间的误差越小,对环境因子的重建效果越好。在选择模型时应当联合考虑 R^2_{Jack} 和 $RMSEP_{\text{Jack}}$ 参数,选择 R^2_{Jack} 最大,$RMSEP_{\text{Jack}}$ 最小的模型。当两个模型的 R^2_{Jack} 和 $RMSEP_{\text{Jack}}$ 参数十分接近时,应选择组分少的模型,因为模型过于复杂会导致过拟合现象,降低重建的效果。

根据计算结果,PLS 的 Component 3 模型和 Component 5 模型有较高的 R^2_{Jack}（0.32 和 0.36）,以及较低的 $RMSEP_{\text{Jack}}$（1.34 和 1.31）和 $Maximum\ bias_{\text{Jack}}$（4.56 和 3.91）（表 5.2）。WA-PLS 方法的 Component 4 和 Component 5 模型有较高的 R^2_{Jack}（0.36 和 0.37）,以及较低的 $RMSEP_{\text{Jack}}$（1.29和1.29）和 $Maximum\ bias_{\text{Jack}}$（3.02 和 3.11）（表 5.2）。

接下来通过这些模型的推导能力评估图进行进一步筛选。如图 5.2 所示,每种模型的推导能力评估图都由两幅图组成。在环境因子观测值与推导值的关系图（左图）中,观测值与推导值若能较好地沿着对角线排列,则可以显示该转换函数具有较强的推导能力[152]。在残差分布图（右图）中,当环境因子残差值在 0 刻度线以上时,说明残差值偏高。推导值大于观测值,表明环境因子的推导值存在被高估的现象;反之,当残差值在 0 刻度线以下时,表明推导值存在被低估的现象。因而,当残差值均匀地、随机地接近 0 刻度线两侧时,说明该转换函数模型具有较强的推导能力。另外,当残差值远离 0 刻度线时,说明推导值和观测值之间存在较大的偏差,在实际进行重建过程中,可能需要考虑将该异常值进行剔除。但是剔除异常值会导致转换函数所包含的环境因子信息和硅藻信息的丢失,可能会对转换函数模型的精确度产生影响,因而需要慎重考虑。

从图 5.2 中可以看出,盐度四种模型的环境因子观测值与推导值关系图中,观测值与推导值能较好地沿着对角线排列;在残差分布图中（图5.2）,PLS

方法的 Component 3、Component 5 模型的残差分布要略微优于 WA-PLS 方法的 Component 4、Component 5 模型,这说明 PLS 方法可能比 WA-PLS 方法更加适合用于敖江口盐度的重建。因此,接下来使用盐度的 PLS 的 Component 3、Component 5 模型和 WA-PLS 的 Component 4、Component 5 模型尝试进行定量重建,并结合现有气测资料对转换函数进行检验。

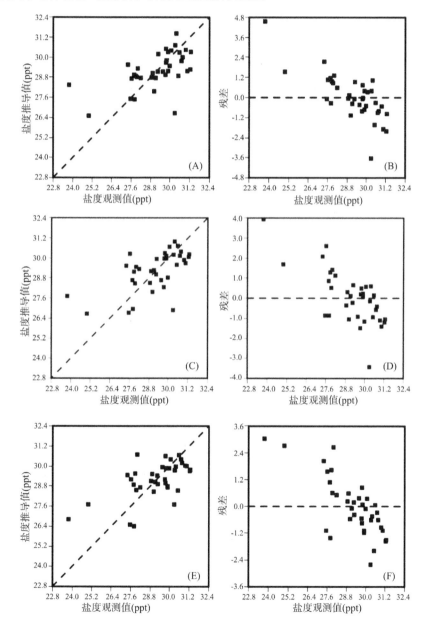

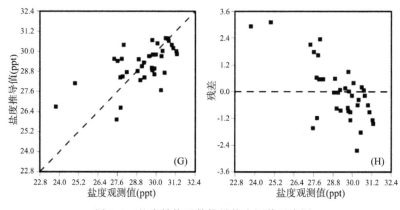

图 5.2　盐度转换函数推导能力评估示意图

A,B:PLS Component 3 模型;C,D:PLS Component 5 模型;E,F:WA-PLS Component 4 模型;G,H:WA-PLS Component 5 模型

5.3　转换函数模型检验

　　将 HK3 岩芯的硅藻数据以及年代框架结果使用 PLS 的 Component 3 和 Component 5 模型以及 WA-PLS 的 Component 4 和 Component 5 模型分别定量重建了盐度变化情况,并将各模型的重建结果与现有盐度数据进行比较,以选择重建效果最好的模型。

　　用于检验函数的盐度数据来源于世界气象组织 Climate Explorer 公开数据集(http://climexp. knmi. nl/start. cgi,以下简称 CE 数据集),数据集的时间跨度为 1900－2018 年逐月平均盐度数据。根据岩芯的年代框架,从数据集中选取了 1984－2018 年的逐月盐度数据,通过计算将其转化为逐年数据 a,同时对重建得到的岩芯盐度数据进行逐年线性内插得到重建盐度 b,最终计算 a,b 两者的相关性系数,结果如图 5.3 所示。对比 HK3 岩芯的 PLS 和 WA-PLS 方法的盐度重建结果与 CE 数据集的相关性可以发现,PLS 方法(图 5.3c,d)的重建结果与 CE 数据集的相关性系数较高,P 值更加显著,重建效果要优于 WA-PLS 方法(图 5.3a,b)。对比 HK3 岩芯 PLS 的 Component 3 模型和 Component 5 模型结果发现,PLS Component 3 模型(图 5.3c)具有更高的相关性系数(0.517)和更显著的 P 值(0.001)。综上所述,通过使用现代盐度数据对转换函数模型进行检验发现,在进行验证的所有模型中,HK3 岩芯的 PLS Component 3 模型重建结果最符合敖江口水域实际盐度变化情况,是敖江口区域盐度重建的最有效模型。

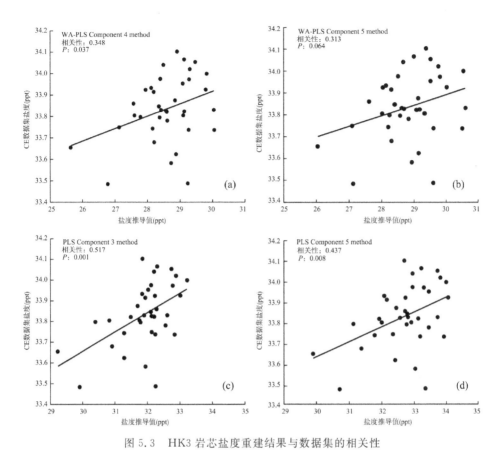

图 5.3　HK3 岩芯盐度重建结果与数据集的相关性

A：WA-PLS Component 4 模型，B：WA-PLS Component 5 模型，C：PLS Component 3 模型，D：PLS Component 5 模型

5.4　HK3 岩芯中记录的环境事件

通过 4.5 和 4.6 小节对转换函数模型的筛选，使用 PLS Component 3 模型对 HK3 岩芯中的硅藻属种进行盐度重建得到的结果最为理想。接下来将使用该盐度重建结果与 HK3 岩芯硅藻属种组成以及沉积物粒度特征进行讨论，揭示 HK3 岩芯中可能记录的环境事件。

基于 HK3 岩芯硅藻的表层海水盐度重建结果如图 5.4 所示。从图中可以发现，1984—2021 年的盐度变化呈小幅度降低趋势。在 2009 年以前，盐度变化较为平缓，波动较小，而在 2009 年以后，盐度变化波动较为剧烈。此外，可以发现在盐度变化中存在着三个突变点，分别为 2019 年、2013 年和 1999 年，在这三个时间点上，盐度突然迅速下降，随后又迅速上升，波动十分显著。

　　为了进一步找出对盐度响应最明显的硅藻属种，将重建盐度与优势硅藻属种进行相关性分析，可以发现盐度与 *P. delicatulum* 的丰度之间存在很强的负相关关系（-0.858，$P<0.01$）。*P. delicatulum* 是一种常见于低盐度沿海地区的淡水硅藻[116]。在广西钦州湾和珍珠湾表层沉积物中硅藻分布的研究发现[18,117]，*P. delicatulum* 主要集中在海湾的河口附近，在外海中几乎不存在。*P. delicatulum* 也是 HK3 岩芯中的淡水种，主要分布在敖江和闽江河口，很少出现在外海，这也表明其对淡水径流的敏感性。另外，*S. armoricana* 和 *C. striata* 的丰度与重建的盐度呈正相关，相关系数分别为 0.6（$P<0.01$）和 0.51（$P<0.05$）。*S. armoricana* 和 *C. striata* 是喜好咸水环境的海洋底栖物种。河口沿岸地区短时间内水体盐度的变化与径流注入的稀释作用密切相关，因此，*P. delicatulum*、*S. armoricana* 和 *C. striata* 丰度的快速变化可能是河口沿岸地区河流作用强度的重要指标，指示了台风、暴雨和洪水等极端事件的发生。

　　将盐度与在硅藻丰度、香农—威尔指数、沉积物粒度、淡水硅藻和海洋硅藻比例等数据进行对比（图 5.4），可以发现在 2019 年、2013 年和 1999 年盐度突然下降时，硅藻丰度和香农—威尔多样性指数明显偏低，淡水硅藻丰度增加，海洋硅藻丰度减少，并伴随着砂含量显著增加。具体的硅藻变化中，*P. delicatulum* 含量显著增加，*C. striata* 和 *S. armoricana* 含量下降。这说明盐度突然下降的同时会伴随着淡水硅藻含量的增加、海水种含量的降低、粗颗粒沉积物含量的增加以及硅藻种群结构的脆弱化。使水体环境迅速发生变化的原因或许与灾害性天气事件有关，例如台风和洪涝灾害。在台风或洪涝灾害影响期间，潮间带的水动力将会在风力、降水和河流径流的作用下大大增强，使得水体盐度显著降低，同时导致水体中的细颗粒悬浮沉积物难以沉降，还会将潮间带底部原有的细颗粒沉积物卷起，使其再悬浮并重新分布，这将导致潮间带区域沉积物粒径粗化，沉积物中砂含量增大[153,147]。这些变化会严重影响硅藻生长繁衍所依赖的相对稳定的水生态环境，促使硅藻种群结构在淡水和海水种比例结构等方面发生显著变化，硅藻属种的多样性受到影响，种群结构趋于单一脆弱化。当灾害天气影响结束后，潮间带水动力迅速下降，盐度再次上升，被卷起的细颗粒悬浮物重新沉积，潮间带区域的沉积物粒度细化，砂含量将会下降，硅藻的生存环境趋于稳定，其种群结构将会逐步恢复。

　　敖江口位于福建省连江县，受到台风的影响非常频繁，但一般只受到台风外围风系的影响,而正面登陆连江县以及周边地区的台风相对较少,一旦台风正面直接登陆,海岸水体环境会发生巨大变化。历史资料记载[154-157],2018 年和 2013 年存在着正面登陆连江县并且对连江县造成重大影响的台风记录(图 5.4)。2018 年,超强台风玛莉亚(Maria)在福建省连江县正面登陆,登陆时中心最大风力 14 级,北茭、琯头、长门水文站观测到最大风暴增水均超过 100cm。2013 年,超强台风苏力(Soulik)在连江县黄岐半岛沿岸登陆,登陆时中心最大风力 16 级。此外,1999 年的盐度变化可能对应 1998 年特大洪水事件。根据历史资料记载[158],1998 年 6 月下旬在闽江、珠江流域暴发特大洪水。闽江干流水口电站最大入库流量 37000m³/s,闽江干流竹岐水文站最高水位达 16.95m,实测洪峰流量 33800m³/s,突破历史实测最大值。综上所述,HK3 岩芯盐度重建结果中记录的三次盐度降低事件是对连江县台风和洪涝灾害的良好响应。在今后的研究中,利用硅藻—盐度转换函数对研究区进行更长尺度的盐度重建,对于重建研究区的古环境特别是古台风以及洪涝等极端事件具有重要的参考意义。

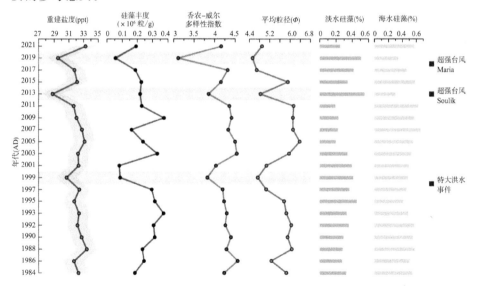

图 5.4　HK3 岩芯重建盐度与硅藻丰度、香农指数、平均粒度、淡水硅藻和海洋硅藻比例

本节通过多种方法筛选并最终建立了较为理想的敖江口硅藻—盐度转换函数模型,并利用 HK3 岩芯中盐度重建结果与硅藻属种和沉积物粒度特征数据,发现 HK3 岩芯盐度的变化记录了台风与洪水环境事件。主要得出以下结论:

(1)通过筛选发现 PLS Component3 模型对 HK3 岩芯中硅藻属种进行盐度重建的结果最为理想。HK3 岩芯重建的盐度变化与 *P. delicatulum*、*C. striata*、*S. armoricana* 含量有较强的相关性。

(2)HK3 岩芯中记录的盐度变化中存在着三次突变点。盐度突然下降的同时伴随着淡水硅藻含量的增加、海水种含量的降低、粗颗粒沉积物含量的增加以及硅藻种群结构的脆弱化,该变化与 2018 年和 2013 年台风的正面登陆以及 1998 年特大洪水关系密切。

第6章

结　论

　　以河口硅藻作为研究工具,运用了转换函数,聚类分析,多元统计方法等方法,对敖江口及其邻近海域的表层沉积硅藻和现代环境因子以及两者之间的关系进行研究,构建了硅藻－盐度转换函数模型,并结合敖江口沉积岩芯样品进行了盐度重建,得出以下结论。

　　敖江口环境因子的时空分布特征以及 PCA 结果表明表层海水盐度和表层海水温度是敖江口水体的主要环境因子,它们分别表示了敖江口水体环境时间和空间维度的变化趋势。敖江、闽江径流以及浙闽沿岸流的强弱变化是驱动敖江口环境因子变化的重要原因。

　　敖江口表层硅藻主要属种包括 *P. delicatulum*、*A. suchlandtii*、*A. ellipticus*、*A. octonarius*、*A. granulata*、*A. coffeaeformis*、*A. undulates*、*A. kuetzingii*、*C. striata*、*D. amphiceros*、*D. bomus*、*F. capucina*、*N. sociailis*、*P. sulcata*、*P. angulatum*、*S. armoricana*、*T. nitzschioides*、*T. eccentrica*、*T. leptopus* 和 *T. coccoeisformis* 共 20 种,其中优势种为 *P. delicatulum*、*A. octonarius*、*A. coffeaeformis*、*C. kuztingii*、*C. striata*、*P. sulcata*、*P. angulatum*、*S. armoricana*、*T. nitzschioides*、*T. leptopus* 和 *T. coccoeisformis* 共 11 种。此外,敖江口的硅藻绝对丰度和香农－威尔多样性指数变化与敖江和闽江径流、浙闽沿岸流的强度变化有关,可以反映敖江口硅藻种群结构以及初级生产力的变化。

　　敖江口表层沉积硅藻与现代环境因子之间的关系表明,在 CCA 分析结果中,盐度和 pH 是影响敖江口硅藻分布的最显著环境因子,沉积物粒度是次要的环境因子。敖江和闽江径流以及浙闽沿岸流的强度变化是影响硅藻分布的主要外部推动力。此外,盐度的 λ_1/λ_2 值最大,表明盐度是影响生态梯度最重要的独立因子,因此选择构建硅藻－盐度转换函数模型。

使用 PLS Component 3 模型对 HK3 岩芯的盐度进行重建可获得最优结果。在重建的盐度变化中存在三个突变点,分别为 2019 年、2013 年和 1999年。HK3 岩芯的盐度变化与 *P. delicatulum*、*C. striata*、*S. armoricana* 的丰度关系密切,将重建盐度与香农－威尔多样性指数、沉积物粒度、淡水硅藻和海洋硅藻比例等指标进行对比,可以发现在三次盐度突变事件中,盐度突然下降的同时会伴随着淡水硅藻含量的增加、海水种含量的降低、粗颗粒沉积物含量的增加以及硅藻种群结构的脆弱化,*P. delicatulum* 含量显著增加,*C. striata* 和*S. armoricana* 含量下降。三次盐度突变与连江县经历的两次超强台风事件和一次极端洪水事件关系密切,验证了敖江硅藻－环境转换函数可用于重建河口海岸地区的古环境。

参考文献

[1] 邱志高. 河口海陆分界线划分方法研究[D]. 青岛:中国海洋大学,2005.

[2] 周细平,吴培芳,李贞,等. 福建闽江口潮间带大型底栖动物次级生产力时空特征[J]. 海洋通报,2020,39(3):342-350.

[3] 苑晶晶,吕永龙,贺桂珍. 海洋可持续发展目标与海洋和滨海生态系统管理[J]. 生态学报,2017,37(24):8139-8147.

[4] 骆永明. 中国海岸带可持续发展中的生态环境问题与海岸科学发展[J]. 中国科学院院刊,2016,31(10):1133-1142.

[5] 谷东起,赵晓涛,夏东兴. 中国海岸湿地退化压力因素的综合分析[J]. 海洋学报(中文版),2003(1):78-85.

[6] 陈吉余. 中国河口海岸研究与实践[M]. 北京:高等教育出版社,2007.

[7] 海来以波. 变化环境下万泉河河口区盐分扩散的模拟分析及其影响研究[D]. 成都:西华大学,2022.

[8] 罗紫芬,杨佘维,张鹏,等. 珠三角感潮河口区耗氧速率及影响因素研究[J]. 环境科学与技术,2023,46(1):119-126.

[9] 马晓波. 大沽河河口区氮磷营养盐输移转化行为特性研究[D]. 青岛:中国海洋大学,2015.

[10] 郭沛涌,沈焕庭. 河口浮游植物生态学研究进展[J]. 应用生态学报,2003(1):139-142.

[11] 向晨晖,刘甲星,柯志新,等. 大亚湾浮游植物粒级结构和种类组成对淡澳河河口水加富的响应[J]. 热带海洋学报,2021,40(2):49-60.

[12] ALBARICO F P J B,CHEN C W,LIM Y C,et al. Driving factors of phytoplankton trace metal concentrations and distribution along anthropogenically-impacted estuaries of southern Taiwan[J]. Regional Studies in Marine Science,2022,56:102610.

[13] 王艳娜,刘东艳. 海洋沉积硅藻研究方法与应用综述[J]. 地球科学进展,2013,28(12):1296-1304.

[14] 李静,陈长平,梁君荣,等.2010 年春秋季长江口南部硅藻种类组成和密度的时空变化[J].应用海洋学学报,2015,34(3):372-387.

[15] 高月鑫,江志兵,曾江宁,等.春季长江口北支邻近海域浮游植物群落及其影响因子[J].海洋通报,2018,37(4):430-439.

[16] 徐斌.闽江口及其邻近海域硅藻—盐度转换函数建立及古盐度重建[D].淮南:安徽理工大学,2018.

[17] 冉莉华,蒋辉.南海某些表层沉积硅藻的分布及其古环境意义[J].微体古生物学报,2005(1):97-106.

[18] 黄玥.广西钦州湾外湾表层沉积硅藻分布特征[J].海洋科学,2017,41(1):96-103.

[19] SMOL J P,STOERMER E F. The diatoms:Applications for the environmental and earth sciences[M]. Cambridge:Cambridge University Press,2010.

[20] 王倩.黔、桂珠江水系底栖硅藻群落分布特征及其与环境变量间的相关性研究[D].贵阳:贵州师范大学,2009.

[21] 谢宇虹.广东省湛江湖光岩玛珥湖 38—17ka BP 硅藻化石记录的古环境变化及季风演化历史[D].北京:中国地质大学(北京),2012.

[22] OKEDEN F. On the deep diatomaceous deposits of the mud of Milford Haven and other localities[J]. Quekett Journal of Microscopical Science,1855,3:25-30.

[23] GREGORY W. Original communications:On a post-Tertiary lacustrine sand,containing diatomaceous exuvium,from Glenshira,near Inverary[J]. Journal of Cell Science,1855,1(9):30-43.

[24] 钟云艳.硅藻水质生物监测在广西跨市界河流断面中的应用研究[D].南宁:广西大学,2015.

[25] 李国忱,刘录三,汪星,等.硅藻在河流健康评价中的应用研究进展[J].应用生态学报,2012,23(9):2617-2624.

[26] 刘淑娟.中肋骨条藻(*Skeletonema costatum*)赤潮生消规律及其对浮游生物群落结构的影响[D].舟山:浙江海洋大学,2019.

[27] 罗先香,单宇,杨建强.黄河口及邻近海域浮游植物群落分布特征及与水环境的关系[J].中国海洋大学学报(自然科学版),2018,48(4):16-23.

[28] 耿文华,陈继淼,冯剑丰,等.辽河浮游植物群落及生物多样性基准验证[J].中国环境科学,2014,34(1):239-245.

[29] 陈楠生,崔宗梅,徐青.中国海洋浮游植物和赤潮物种的生物多样性研究进展(四):长江口[J].海洋与湖沼,2021,52(2):402-452.

[30] 肖莹.闽江口海域浮游植物群落结构特征[J].福建水产,2013,35(4):258-263.

[31] 姚艳欣,陈楠生.珠江口及其邻近海域赤潮物种的生物多样性研究进展[J].海洋科学,2021,45(9):75-90.

[32] 李升峰.青藏高原南部11000年来硅藻植物群演替与古湖泊古气候演变的研究[D].南京:南京大学,1996.

[33] CROSTA X,KOÇ N. Chapter eight diatoms:From micropaleontology to isotope geochemistry [J]. Developments in Marine Geology, 2007, 1: 327-369.

[34] POKRAS E M,MOLFINO B. Oceanographic control of diatom abundances and species distributions in surface sediments of the tropical and southeast Atlantic[J]. Marine Micropaleontology,1986,10(1-3):165-188.

[35] SANCETTA C. Comparison of phytoplankton in sediment trap time series and surface sediments along a productivity gradient [J]. Paleoceanography,1992,7(2):183-194.

[36] TREPPKE U F, LANGE C B, DONNER B, et al. Diatom and silicoflagellate fluxes at the Walvis Ridge:An environment influenced by coastal upwelling in the Benguela system [J]. Journal of Marine Research,1996,54(5):991-1016.

[37] CROSTA X,KOÇ N. Diatoms:From Micropaleontology to Isotope Geochemistry [M]. Developments in Marine Geology:Vol. 1. Elsevier,2007:327-369.

[38] VIRTA L, TEITTINEN A. Threshold effects of climate change on benthic diatom communities:Evaluating impacts of salinity and wind disturbance on functional traits and benthic biomass[J]. Science of the Total Environment,2022,826:154130.

[39] EBRAHIMI E, SALARZADEH A. The effect of temperature and salinity on the growth of *Skeletonema costatum* and *Chlorella capsulata* in vitro[J]. International Journal of Life Sciences,2016,10:40.

[40] 陈菊芳,徐宁,王朝晖,等.大亚湾拟菱形藻(*Pseudon-itzschia* spp.)种群的季节变化与环境因子的关系[J].环境科学学报,2002(6):743-748.

[41] 陈墅鑫.盐度对威氏海链藻生长、生化组分的影响和转录组分析[D].湛江:广东海洋大学,2021.

[42] 焉婷婷,周亚维,李朋富,等.广盐性硅藻披针舟形藻在高盐和低盐胁迫下的抗氧化响应[J].盐业与化工,2010,39(5):15-19,24.

[43] FRITZ S C,JUGGINS S,BATTARBEE R W,et al. Reconstruction of past changes in salinity and climate using a diatom-based transfer function[J]. Nature,1991,352(6337):706-708.

[44] CHÁVEZ-LARA C M,LOZANO-GARCÍA S,ORTEGA-GUERRERO B,et al. A Late Pleistocene (MIS4-MIS2) palaeohydrological reconstruction from Lake Chalco,Basin of Mexico[J]. Journal of South American Earth Sciences,2022,119:103944.

[45] MADIGAN M T,MARTINKO J M,PARKER J,et al. Brock biology of microorganisms[M]. 10 ed. London:Pearson,2003.

[46] 张磊,朱镕军.温度对赤潮藻生理特性的影响[J].化工设计通讯,2020,46(7):147,188.

[47] ARRIGO K R, PEROVICH D K, PICKART R S, et al. Massive phytoplankton blooms under Arctic Sea Ice[J]. Science,2012,336(6087):1408.

[48] 蒋辉,王开发.结节圆筛藻壳体大小变化及其古地理意义[J].海洋通报,1986(1):51-55.

[49] TOMAS C R,HASLE G R. Identifying Marine Phytoplankton[M]. San Diego:Academic Press,1997.

[50] 刘杨平,黄迎春,王鹤立.浅谈环境因子对硅藻生长的影响[J].科技信息,2009(33):725,648.

[51] 于萍,张前前,王修林,等.温度和光照对两株赤潮硅藻生长的影响[J].海洋环境科学,2006(1):38-40.

[52] 钱振明,邢荣莲,汤宁,等.光照和盐度对8种底栖硅藻生长及其生理生化成分的影响[J].烟台大学学报(自然科学与工程版),2008(1):46-52.

[53] 庄树宏,SVEN H.光照强度和波长对底栖藻类种群生长的影响(Ⅰ)——光合色素的变化[J].烟台大学学报(自然科学与工程版),1999(2):32-37.

[54] 王伟.光质对中华盒形藻生长及生化组成的影响[J].武汉植物学研究,1999(3):6-9.

[55] WENDEROTH K,RHIEL E. Influence of light quality and gassing on the vertical migration of diatoms inhabiting the Wadden Sea[J]. Helgoland Marine Research,2004,58(3):211-215.

[56] 陈长平,高亚辉,林鹏.盐度和pH对底栖硅藻胞外多聚物的影响[J].海洋学报(中文版),2006(5):123-129.

[57] 邱经民.海水pH变化对典型硅藻光合生理及饵料价值的影响研究[D].连云港:江苏海洋大学,2022.

[58] UNDERWOOD G J C. Seasonal and spatial variation in epipelic diatom assemblages in the severn estuary[J]. Diatom Research,1994,9(2):451-472.

[59] 商志文.天津海域表层沉积硅藻分布特征及其全新世古环境指示意义[D].北京:中国地质科学院,2011.

[60] 黎伟麒.渤海湾近岸海底表层硅藻的组合特征及其沉积环境[D].天津:天津师范大学,2017.

[61] 王天娇.金州湾表层沉积物粒度和硅藻对沉积环境的反映[D].天津:天津师范大学,2022.

[62] 吴述园.基于着生藻类生物完整性指数的古夫河河流生态系统健康评价[D].武汉:中国地质大学,2013.

[63] 邓培雁,雷远达,刘威,等.桂江流域附生硅藻群落特征及影响因素[J].生态学报,2012,32(7):2196-2203.

[64] 羊向东,王苏民,夏威岚,等.典型对应分析在青藏高原现代湖泊硅藻与环境研究中的应用[J].中国科学(D辑:地球科学),2001(S1):273-279.

[65] 黄迎艳,王旭涛,刘威,等.东江流域附着硅藻-电导率转换函数模型适用性评估[J].生态科学,2013,32(5):564-570,598.

[66] 谭铁强,黄渤,徐立,等.汉江枯水期藻类生长调查[J].环境与健康杂志,2002(02):136-137.

[67] 邢爽.拉林河底栖硅藻时空分布格局及水质初步评价[D].哈尔滨:哈尔滨师范大学,2019.

[68] HASSAN G S, ESPINOSA M A, ISLA F I. Diatom-based inference model for paleosalinity reconstructions in estuaries along the northeastern coast of Argentina[J]. Palaeogeography, Palaeoclimatology, Palaeoecology, 2009,275(1):77-91.

[69] WANG Q, YANG X, ANDERSON N J, et al. Diatom response to climate forcing of a deep, alpine lake (Lugu Hu, Yunnan, SW China) during the Last Glacial Maximum and its implications for understanding regional monsoon variability[J]. Quaternary Science Reviews,2014,86:1-12.

[70] SZCZERBA A, RZODKIEWICZ M, TYLMANN W. Modern diatom assemblages and their association with meteorological conditions in two lakes in northeastern Poland[J]. Ecological Indicators,2023,147:110028.

[71] CHEN X, MCGOWAN S, BU Z J, et al. Diatom-based water-table reconstruction in Sphagnum peatlands of northeastern China[J]. Water Research,2020,174:115648.

[72] YANG X, ANDERSON N J, DONG X, et al. Surface sediment diatom assemblages and epilimnetic total phosphorus in large, shallow lakes of the Yangtze floodplain:Their relationships and implications for assessing long-term eutrophication [J]. Freshwater Biology, 2010, 53 (7): 1273-1290.

[73] WANG R, DEARING J A, LANGDON P G, et al. Flickering gives early warning signals of a critical transition to a eutrophic lake state[J]. Nature,2012,492(7429):419-422.

[74] BENNION H, APPLEBY P G, PHILLIPS G L. Reconstructing nutrient histories in the Norfolk Broads, UK:Implications for the role of diatom-total phosphorus transfer functions in shallow lake management[J]. Journal of Paleolimnology,2001,26(2):181-204.

[75] YU F, LI N, TIAN G, et al. A re-evaluation of Holocene relative sea-level change along the Fujian coast, southeastern China [J]. Palaeogeography,Palaeoclimatology,Palaeoecology,2023,622:111577.

[76] GOMES D F，ALBUQUERQUE A L S，TORGAN L C，et al. Assessment of a diatom-based transfer function for the reconstruction of lake-level changes in Boqueirão Lake，Brazilian Nordeste［J］. Palaeogeography，Palaeoclimatology，Palaeoecology，2014，415:105-116.

[77] ZONG Y，HORTON B P. Diatom-based tidal-level transfer functions as an aid in reconstructing Quaternary history of sea-level movements in the UK［J］. Journal of Quaternary Science，1999，14(2):153-167.

[78] LI D，SHA L，LI J，et al. Summer sea-surface temperatures and climatic events in Vaigat Strait，West Greenland，during the last 5000 years［J］. Sustainability，2017，9(5):704.

[79] SHA L，JIANG H，LIU Y，et al. Palaeo-sea-ice changes on the North Icelandic shelf during the last millennium:Evidence from diatom records ［J］. Science China Earth Sciences，2015，58(6):962-970.

[80] 阮金山,钟硕良,林后祥,等. 福建连江县东南部海域养殖贝类质量安全评估[J]. 福建水产,2011,33(2):10-17.

[81] 阮金山,钟硕良,郑盛华,等. 福建连江县东南部海域贝类生产区域类别划分方法初探[J]. 福建水产,2012,34(5):362-369.

[82] 徐建峰. 闽江口及敖江口海域缢蛏养殖质量状况分析与评价[J]. 环境科学与管理,2011,36(9):189-194.

[83] 张丹丹,郭亚平,任红云,等. 福建省敖江下游抗生素抗性基因分布特征[J]. 环境科学,2018,39(6):2600-2606.

[84] 连江县地方志编纂委员会. 连江县志(上册)［M］. 北京:方志出版社,2001.

[85] 中国海湾志编纂委员会. 中国海湾志 第七分册 福建北部海湾［M］. 北京:海洋出版社,1994.

[86] LEI J，YANG L，ZHU Z. Testing the effects of coastal culture on particulate organic matter using absorption and fluorescence spectroscopy ［J］. Journal of Cleaner Production,2021,325:129203.

[87] 石学法,郑锡建,刘焱光. CJ12 区块海底底质调查研究报告［R］. 青岛:国家海洋局第一海洋研究所,2008.

[88] 福建省海岸带和海涂资源综合调查领导小组办公室. 福建省海岸带地质地貌综合调查图集［M］. 北京:海洋出版社,1990.

[89] 陈坚.福建省近海海洋综合调查与评价总报告[M].北京:科学出版社,2016.

[90] 卢惠泉.闽江口及附近海域海底地形地貌特征研究[D].厦门:国家海洋局第三海洋研究所,2010.

[91] YANG L,CHEN Y,LEI J,et al. Effects of coastal aquaculture on sediment organic matter:Assessed with multiple spectral and isotopic indices[J]. Water Research,2022,223:118951.

[92] KRAMMER K,LANGE-BERTALOT H. Bacillariophyceae,Teil 1:Naviculaceae (Süßwasserflora von Mitteleuropa 2/1)[M]. New York:Gustav Fischer Verlag,Stuttgart,1986.

[93] KRAMMER K,LANGE-BERTALOT H. Bacillariophyceae,Teil 2:Bacillariaceae,Epithemiaceae,Surirellaceae (Süßwasserflora von Mitteleuropa 2/2)[M]. New York:Gustav Fischer Verlag,Stuttgart,1988.

[94] KRAMMER K,LANGE-BERTALOT H. Bacillariophyceae,Teil 3:Centrales,Fragilariaceae,Eunotiaceae (Süßwasserflora von Mitteleuropa 2/3)[M]. Jena:Gustav Fischer Verlag,Stuttgart,1991.

[95] KRAMMER K,LANGE-BERTALOT H. Bacillariophyceae,Teil 4:Achnanthaceae,Kritische Ergänzungen zu Achnanthes s. l. ,Navicula s. str. , Gomphonema, Gesamtliteraturverzeichnis (Süßwasserflora von Mitteleuropa 2/4)[M]. Jena:Gustav Fischer Verlag,Stuttgart,1991.

[96] 金德祥,程兆第,林均民,等.中国海洋底栖硅藻类(上卷)[M].北京:海洋出版社,1982.

[97] 郭玉洁,钱树本.中国海藻志[M].北京:科学出版社,2003.

[98] 小泉格,王开发,郭蓄民.硅藻[M].北京:地质出版社,1984.

[99] 卢连战,史正涛.沉积物粒度参数内涵及计算方法的解析[J].环境科学与管理,2010,35(6):54-60.

[100] JIANG Y,SAITO Y,TA T K O,et al. Spatial and seasonal variability in grain size,magnetic susceptibility,and organic elemental geochemistry of channel-bed sediments from the Mekong Delta,Vietnam:Implications for hydro-sedimentary dynamic processes [J]. Marine Geology, 2020, 420:106089.

[101] 高少鹏,王君波,徐柏青,等. ^{210}Pb 和 ^{137}Cs 定年技术在湖泊沉积物中的应用与问题[J]. 湖泊科学,2021,33(2):622-631.

[102] CROZAZ G, PICCIOTTO E, BREUCK W D. Antarctic snow chronology with Pb210[J]. Journal of Geophysical Research,1964,69:2597 2604.

[103] KRISHNASWAMY S, LAL D, MARTÍN J, et al. Geochronology of lake sediments[J]. Earth and Planetary Science Letters,1971,11(1):407-414.

[104] ROBBINS J A,EDGINGTON D N. Determination of recent sedimentation rates in Lake Michigan using Pb-210 and Cs-137 [J]. Geochimica et Cosmochimica Acta,1975,39(3):285-304.

[105] KOIDE M, SOUTAR A, GOLDBERG E D. Marine geochronology with ^{210}Pb[J]. Earth and Planetary Science Letters,1972,14(3):442-446.

[106] NITTROUER C A,STERNBERG R W,CARPENTER R,et al. The use of Pb-210 geochronology as a sedimentological tool:Application to the Washington continental shelf[J]. Marine Geology,1979,31(3):297-316.

[107] 王晓慧,吴伊婧,范代读. 福建兴化湾外近海 ^{210}Pb 法沉积速率及校正方法[J]. 古地理学报,2019,21(3):527-536.

[108] SUN X,FAN D,TIAN Y,et al. Normalization of excess ^{210}Pb with grain size in the sediment cores from the Yangtze River Estuary and adjacent areas:Implications for sedimentary processes[J]. The Holocene,2017,28(4):545-557.

[109] SUN X,FAN D,LIAO H,et al. Variation in sedimentary ^{210}Pb over the last 60 years in the Yangtze River Estuary:New insight to the sedimentary processes[J]. Marine Geology,2020,427:106240.

[110] PRYGIEL J,LÉVÊQUE L,ISERENTANT R. A new practical diatom index for the assessment of water quality in monitoring networks[J]. Revue Des Science De Leau,1996,9(1):97-113.

[111] 沙龙滨,刘焱光,李冬玲,等. 格陵兰西部海域表层沉积硅藻分布与海冰覆盖率关系探讨[J]. 微体古生物学报,2012,29(4):321-332.

［112］IMBRIE J, KIPP N. A new micropaleontological method for quantitative paleocli-matology:Application to a late Pleistocene Caribbean core［M］. In:TUREKIAN K K (ed.), The Late Cenozoic Glacial Ages. New Heaven:Yale University Press,1971:171-181.

［113］CAJO J. F. TER BRAAK, STEVE JUGGINS. Weighted averaging partial least squares regression (WA-PLS):An improved method for reconstructing environmental variables from species assemblages［J］. Hydrobiologia,1993(269/270):485-502.

［114］许艳.福建近海河口潮流沉积沙体特征［D］.厦门:国家海洋局第三海洋研究所,2014.

［115］苏荣国,梁生康,胡序朋,等.荧光光谱结合主成分分析对硅藻和甲藻的识别测定［J］.海洋科学进展,2007(2):238-246.

［116］HARTLEY B,BARBER H G,CARTER J R,et al. An Atlas of British Diatoms［M］. Bristol:Biopress,1996.

［117］黄玥,黄元辉.广西珍珠湾表层沉积硅藻分布特征［J］.海洋科学进展,2016,34(3):411-420.

［118］孟东平,王翠红,辛晓芸,等.汾河太原段水体浮游藻类生态位的研究［J］.环境科学与技术,2006(10):95-97,120-121.

［119］SHERROD B L. Gradient analysis of diatom assemblages in a Puget Sound salt marsh:Can such assemblages be used for quantitative paleoecological reconstructions? ［J］. Palaeogeography, Palaeoclimatology, Palaeoecology,1999,149(1-4):213-226.

［120］陈敏,陈淳,兰彬斌,等.渤海、黄海近岸海域表层沉积硅藻分布特征［J］.海洋湖沼通报,2014(2):183-190.

［121］刘晓彤,刘光兴.2009年夏季黄河口及其邻近水域网采浮游植物的群落结构［J］.海洋学报(中文版),2012,34(1):153-162.

［122］王艳娜.黄海及长江口附近海域表层沉积硅质藻类的空间分布特征与环境意义［D］.烟台:中国科学院烟台海岸带研究所,2015.

［123］ZHANG J, WITKOWSKI A, TOMCZAK M, et al. The sub-fossil diatom distribution in the Beibu Gulf (northwest South China Sea) and related environmental interpretation［J］. PeerJ,2022,10:e13115.

[124] PRELLE L R,GRAIFF A,GRÜNDLING-PFAFF S,et al. Photosynthesis and respiration of Baltic Sea benthic diatoms to changing environmental conditions and growth responses of selected species as affected by an adjacent peatland（Hütelmoor）[J]. Frontiers in Microbiology,2019, 10,1500.

[125] SCHUETTE G,SCHRADER H. Diatom taphocoenoses in the coastal upwelling area off South West Africa[J]. Marine Micropaleontology, 1981,6(2):131-155.

[126] 沈林南,吴祥恩,李超,等. 福建三沙湾表层沉积硅藻分布特征及其与环境因子的关系[J]. 应用海洋学学报,2014,33(2):212-221.

[127] 李磊. 黄河口邻近海域浮游植物百年演变特征及与环境变化的响应关系 [D]. 上海:华东师范大学,2021.

[128] FAN X,CHENG F,YU Z,et al. The environmental implication of diatom fossils in the surface sediment of the Changjiang River estuary (CRE) and its adjacent area[J]. Journal of Oceanology and Limnology, 2019,37(2):552-567.

[129] OLENINA I,HAJDU S,EDLER L,et al. Biovolumes and size-classes of phytoplankton in the Baltic Sea[J]. Helcom Balt. Sea Environ. Proc. ,2006.

[130] 杨琦. 鄱阳湖浮游硅藻生物多样性研究[D]. 上海:上海师范大学,2020.

[131] 董旭辉,羊向东,潘红玺. 长江中下游地区湖泊现代沉积硅藻分布基本特征[J]. 湖泊科学,2004(4):298-304.

[132] 汪梦琪,汪金成,王琪,等. 洞庭湖区平水期浮游生物群落结构特征及富营养化现状[J]. 生态学杂志,2018,37(8):2418-2429.

[133] 隋丰阳. 基于松嫩平原湖泊群硅藻—总磷转换函数的湖泊营养演化重建[D]. 哈尔滨:哈尔滨师范大学,2019.

[134] YANG X D,WANG S M,SHEN J,et al. Lacustrine environment responses to human activities in the past 300 years in Longgan Lake catchment,southeast China [J]. Science in China（Series D:Earth Sciences）,2002(8):709-718.

[135] 吴聪,陈炽新,彭志远,等. 珠江口 13-LD-ZK19 钻孔沉积硅藻分布特征及其古环境响应[J]. 微体古生物学报,2020,37(3):285-293.

[136] RAN L,JIANG H. Distributions of the surface sediment diatoms from the south China sea and their palaeoceanographic significanc[J]. Acta Micropalaeontologica Sinica,2005,22(1):97-106.

[137] JIANG H, ZHENG Y, RAN L, et al. Diatoms from the surface sediments of the South China Sea and their relationships to modern hydrography[J]. Marine Micropaleontology,2004,53(3-4):279-292.

[138] 李顺,荆夏,蔡观强,等.南沙群岛礼乐滩周边海域表层沉积硅藻分布特征[J].微体古生物学报,2020,37(1):59-67.

[139] 郭术津.东海浮游植物群集研究[D].青岛:中国海洋大学,2012.

[140] 马武.渤海春秋季与黄海夏秋季浮游植物动态变化[D].南京:南京农业大学,2019.

[141] 黄元辉,黄玥,蒋辉.南海北部 15ka BP 以来表层海水温度变化:来自海洋硅藻的记录[J].海洋地质与第四纪地质,2007(5):65-74.

[142] LOPES C,MIX A C,ABRANTES F. Diatoms in northeast Pacific surface sediments as paleoceanographic proxies[J]. Marine Micropaleontology,2006,60(1):45-65.

[143] 王明翠,刘雪芹,张建辉.湖泊富营养化评价方法及分级标准[J].中国环境监测(5):47-49.

[144] 商志文,田立柱,王宏,等.渤海湾中北部表层沉积硅藻分布及环境指示意义[J].中国地质,2012,39(4):1099-1107.

[145] 王翠,郭晓峰,方婧,等.闽浙沿岸流扩展范围的季节特征及其对典型海湾的影响[J].应用海洋学学报,2018,37(1):1-8.

[146] TER BRAAK C J F,PRENTICE I C. A theory of gradient analysis[J]. Advances in Ecological Research,1988,18:271-317.

[147] HASSAN G S,ESPINOSA M A,ISLA F I. Dead diatom assemblages in surface sediments from a low impacted estuary:The Quequén Salado river,Argentina[J]. Hydrobiologia,2007,579(1):257-270.

[148] SARKER S,YADAV A K,HOSSAIN M S,et al. The drivers of diatom in subtropical coastal waters:A Bayesian modelling approach[J]. Journal of Sea Research,2020,163:101915.

[149] NWE L W，AZHIKODAN G，YOKOYAMA K，et al. Spatio-temporal distribution of diatoms and dinoflagellates in the macrotidal Tanintharyi River estuary，Myanmar[J]. Regional Studies in Marine Science，2021，42：101634.

[150] 王爱军，叶翔. 福建罗源湾潮滩沉积过程对人类活动和台风事件的响应[J]. 沉积学报，2013，31(4)：639-645.

[151] AALTO R，NITTROUER C A. [210]Pb geochronology of flood events in large tropical river systems[J]. Philos Trans A Math Phys Eng，2012，370(1966)：2040-2074.

[152] KORSMAN T，BIRKS H J B. Diatom-based water chemistry reconstructions from northern Sweden：A comparison of reconstruction techniques[J]. Journal of Paleolimnology，1996，15(1)：65-77.

[153] 章馨谣，戴志军，陈云，等. 长江口潮间带沉积对台风过程的响应[J]. 海洋科学，2022，46(1)：102-111.

[154] 福建省气候公报(2018 年)[R]. 福州：福建省气象局，2019.

[155] 福建省气候公报(2013 年)[R]. 福州：福建省气象局，2014.

[156] 2018 年中国海洋灾害公报[R]. 北京：自然资源部 海洋预警监测司，2019.

[157] 2013 年中国海洋灾害公报[R]. 北京：自然资源部 海洋预警监测司，2014.

[158] 水利部水文局，水利部珠江水利委员会水文局. 1998 年珠江、闽江暴雨洪水[M]. 北京：中国水利水电出版社，2001.

附录 A 敖江口主要硅藻属种全称与简称

拉丁名	缩写	中文名	生态意义
Achnanthes biasolettiana	*Ach bia*	双面曲壳藻	淡水种
Achnanthes laterostrata	*Ach lat*	—	淡水种,可指示粗颗粒沉积环境
Achnanthes suchlandtii	*Ach suc*	—	淡水种,可指示粗颗粒沉积环境
Actinocyclus ellipticus	*Act ell*	椭圆形辐环藻	海水种
Actinocyclus kuetzingii	*Act kue*	库氏圆筛藻	海水种
Actinocyclus octonarius	*Act oct*	爱氏辐环藻	海水种,可指示高 pH 环境
Actinoptychus undulates	*Act und*	波状辐裥藻	海水种
Amphora coffeaeformis	*Amp cof*	咖啡双眉藻	淡水种,可指示粗颗粒沉积环境
Aulacoseira granulata	*Aul gra*	颗粒沟链藻	淡水种,可指示中度营养盐
Cocconeis placentula	*Coc pla*	扁圆卵形藻	淡水种,可指示清洁水体
Cocconeis scutellum	*Coc scu*	盾卵形藻	淡水种
Cyclotella striata	*Cyc str*	条纹小环藻	潮间带广泛分布
Cymbella affinis	*Cym aff*	近缘桥弯藻	淡水种
Delphineis amphiceros	*Del amp*	—	海水种
Diploneis bombus	*Dip bom*	蜂腰双壁藻	海水种
Fragilaria capucina	*Fra cap*	钝脆杆藻	淡水种
Gomphonema parvulum	*Gom par*	小型异极藻	淡水种
Navicula concentrica	*Nav con*	—	淡水种

续表

拉丁名	缩写	中文名	生态意义
Navicula placentula	*Nav pla*	扁圆舟形藻	淡水种，可指示粗颗粒沉积环境
Navicula spectabilis	*Nav spe*	美丽舟形藻	淡水种，可指示粗颗粒沉积环境
Nitzschia sociabilis	*Nit soc*	—	海水种
Paralia sulcata	*Par sul*	具槽直链藻	潮间带广泛分布
Planothidium delicatulum	*Pla del*	优美曲壳藻	淡水种，可指示粗颗粒沉积环境
Pleurosigma angulatum	*Ple ang*	宽角斜纹藻	海水种
Surirella armoricana	*Sur arm*	盔甲双菱藻	海水种
Thalassionema nitzschioides	*Tha nit*	菱形海线藻	潮间带广泛分布
Thalassiosira eccentrica	*Tha ecc*	离心列海链藻	海水种
Thalassiosira leptopus	*Tha lep*	平行列海链藻	海水种
Tryblioptychus cocconeisformis	*Try coc*	卵形摺盘藻	海水种

附录 B 敖江口沉积物优势种和典型硅藻显微镜照片

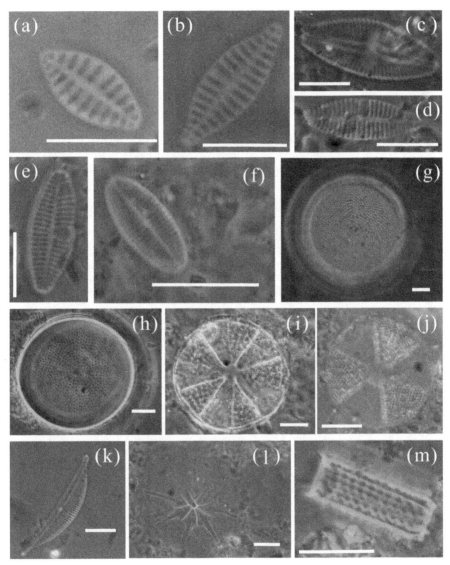

图版 B1　a,b:优美曲壳藻（*Planothidium delicatulum*）;c:*Achnanthes hungariea*;d,e:披针曲壳藻（*Achnanthes lanceolata*）; f: *Achnanthes suchlandtii*; g, h: 爱氏辐环藻（*Actinocyclus octonarius*）;i:华美福裥藻（*Actinoptychus splendens*）;j:波状辐裥藻（*Actinoptychus undulates*）;k:咖啡双眉藻（*Amphora coffeaeformis*）;l:*Asteromphalus flabellatus*; m:颗粒沟链藻（*Aulacoseira granulata*）(图版中白色短线为标尺,代表 10μm)

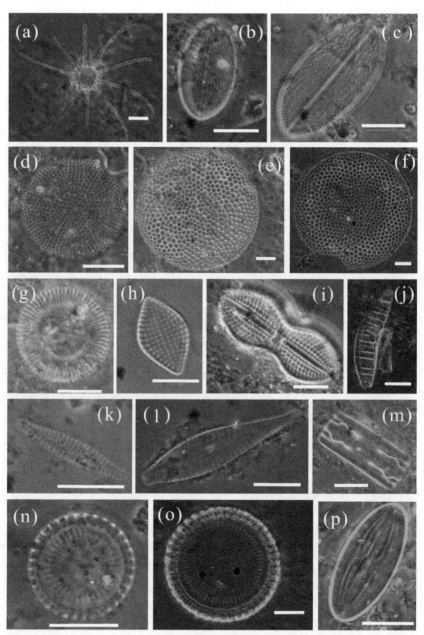

图版 B2　a：*Bacteriastrum varians*；b，c：扁圆卵形藻（*Cocconeis placentula*）；d：库氏圆筛藻
（*Actinocyclus kuetzingii*）；e，f：辐射圆筛藻（*Coscinodiscus radiatus*）；g：条纹小环藻
（*Cyclotella striata*）；h：*Delphineis amphiceros*；i：蜂腰双壁藻（*Diploneis bombus*）；j：
Epithemia goeppertiana；k：钝脆杆藻（*Fragilaria capucina*）；l：小型异极藻
（*Gomphonema parvulum*）；m：大洋斑条藻（*Grammatophora oceanica*）；n，o：具槽直链藻
（*Paralia sulcata*）；p：美丽舟形藻（*Navicula spectablis*）(图中白色短线为标尺，代表 10μm)

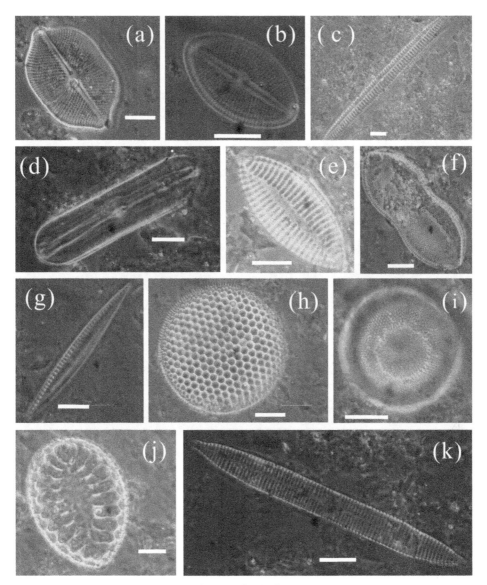

图版 B3　　a：*Navicula tuscula*；b：扁圆舟形藻（*Navicula placentula*）；c：*Navicula duerrenbergiana*；d：*Navicula americana*；e：卵形菱形藻（*Nitzschia cocconeisformis*）；f：琴氏菱形藻（*Niztschia parduriformis*）；g：*Nitzschia sociabilis*；h：*Planktoniella blanda*；i：星形柄链藻（*Podosira stelliger*）；j：盔甲双菱藻（*Surirella armoricana*）；k：*Synedra unla*（图版中白色短线为标尺，代表 10μm）

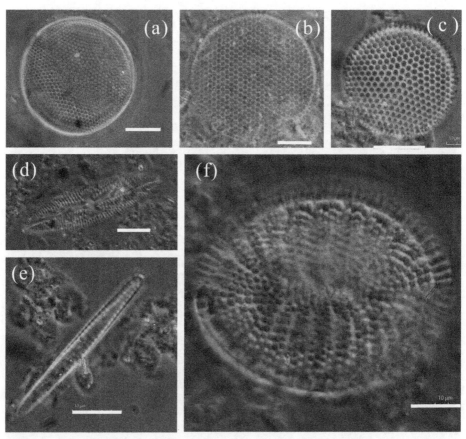

图版 B4　a:离心海链藻（*Thalassiosira eccentrica*）;b:平行海链藻（*Thalassiosira leptopus*）;
c:厄氏海链藻（*Thalassiosira oestrupii*）;d:*Trachyneis aspera*;e:菱形海线藻
（*Thalassionema nitzschioides*）;f:卵形摺盘藻（*Trylioptychus cocconeisformis*）（图
版中白色短线为标尺,代表 10μm）

附录 C 敖江口表层沉积硅藻鉴定数据

表 C1 敖江口 10 月采样点表层沉积硅藻鉴定数据

属种	E4	E4	Y1	Y4	Y5	Y6	X4	X5	X6	W1	W2	W3	W4	W5	W6
Achnanthes biasolettiana	2	0	0	0	0	5	0	0	0	0	0	0	0	0	0
Achnanthes clevei	0	7	0	0	0	2	5	5	0	6	6	5	3	1	6
Achnanthes hungariea	2	1	2	0	1	0	1	0	0	1	0	0	0	0	0
Achnanthes lanceolata	2	0	0	0	0	0	1	0	0	0	0	0	1	0	0
Achnanthes laterostrata	0	1	0	0	0	0	0	0	0	0	0	0	0	0	0
Achnanthes rupestoides	0	0	0	0	0	0	0	0	0	0	1	0	0	0	0
Achnanthes spp.	8	13	5	0	5	1	0	0	2	0	0	0	0	0	0
Achnanthes suchlandtii	10	12	17	0	5	3	4	2	2	2	1	3	0	0	0
Actinocyclus ellipticus	2	7	0	0	1	0	9	7	3	4	7	4	7	7	5
Actinocyclus kuetzingii	6	3	0	0	4	0	12	4	0	16	26	14	6	4	2
Actinocyclus octonarius	4	9	3	0	16	1	14	14	8	10	16	11	14	14	15
Actinoptychus splendens	0	2	0	0	0	0	0	0	1	0	0	2	0	0	0
Actinoptychus undulates	2	0	1	0	3	0	2	3	2	4	1	8	4	1	3
Amphora coffeaeformis	8	6	7	0	2	18	0	2	0	0	0	0	0	0	0

续表

属种	E4	E4	Y1	Y4	Y5	Y6	X4	X5	X6	W1	W2	W3	W4	W5	W6
Amphora spp.	0	0	0	0	3	0	0	0	0	0	0	0	0	0	0
Asteromphalus flabellatus	0	0	0	0	1	0	0	0	0	0	0	0	0	0	1
Aulacoseira granulata	44	7	2	0	17	0	0	0	0	0	1	0	2	0	1
Bacteriastrum varians	0	0	0	0	0	0	0	1	0	1	0	0	2	0	0
Biddulphia aurita	0	0	0	0	1	0	0	0	2	0	0	0	0	0	0
Cocconeis placentula	3	2	2	0	0	0	0	0	0	0	0	0	0	0	0
Cocconeis scutellum	0	2	0	0	1	0	1	4	4	0	0	0	2	0	2
Coscinodiscus argus	0	0	0	0	0	0	2	0	0	2	4	0	1	1	1
Coscinodiscus radiatus	0	2	1	0	0	0	2	0	3	0	3	2	0	5	2
Cyclotella striata	15	33	27	1	25	4	39	35	104	35	34	31	44	43	32
Cymbella af.finis	5	0	6	0	7	0	2	2	0	2	1	1	0	0	0
Delphineis amphiceros	3	6	1	0	0	0	6	10	0	5	6	5	4	5	8
Denticula subtilis	0	1	1	0	0	0	0	0	0	0	0	0	0	0	0
Diploneis bombus	4	2	2	0	2	1	0	6	2	2	4	5	6	6	11
Diploneis chersonensis	0	0	0	0	1	3	0	1	0	0	0	0	0	0	0
Diploneis papula	0	1	0	0	2	0	1	0	0	0	0	1	0	0	0
Diploneis smithii	1	1	0	0	2	0	2	0	0	0	2	0	0	1	0

续表

属种	E4	E4	Y1	Y4	Y5	Y6	X4	X5	X6	W1	W2	W3	W4	W5	W6
Diploneis spp.	0	0	0	0	0	0	0	0	1	0	0	0	0	0	0
Entomoneis spp.	0	0	0	0	0	0	0	1	0	0	0	1	0	0	0
Epithemia goeppertiana	1	1	1	0	0	0	0	0	0	0	3	0	0	0	1
Fragilaria capucina	2	0	0	0	3	1	2	5	5	10	3	0	5	0	3
Gomphonema parvulum	7	0	7	0	7	0	0	0	0	0	0	0	0	0	0
Gomphonema spp.	1	3	5	0	1	0	0	0	0	0	0	0	0	0	0
Grammatophora ocanica	0	0	0	0	0	0	0	5	5	0	0	0	0	3	3
Hantzschia amphioxys	2	2	0	0	0	1	2	0	0	0	0	1	3	0	0
Hydrosera triquetra	0	0	0	0	0	0	0	1	0	0	0	0	0	0	0
Navicula concentrica	7	0	5	0	0	4	0	3	0	0	0	1	0	0	0
Navicula directa	0	1	0	0	0	0	0	0	0	0	0	1	1	0	0
Navicula duerrenbergiana	0	0	0	0	0	0	0	0	1	0	0	1	3	3	2
Navicula flanatica	0	0	0	0	1	0	0	0	0	0	0	0	0	0	0
Navicula laevissima	3	0	0	0	1	0	0	0	0	0	0	0	0	0	0
Navicula placentula	0	1	0	0	0	0	0	0	0	0	0	0	0	0	0
Navicula spectabilis	0	2	1	0	4	0	0	0	0	0	0	0	0	0	0
Navicula spp.	0	1	0	0	8	0	3	0	0	0	1	0	0	0	0

续表

属种	E4	E4	Y1	Y4	Y5	Y6	X4	X5	X6	W1	W2	W3	W4	W5	W6
Navicula subcarinata	0	0	0	0	0	2	0	0	0	1	0	0	0	0	2
Navicula vulpina	0	0	3	0	0	1	0	2	0	2	2	3	0	0	5
Nitzschia cocconeisformis	1	0	0	0	0	0	0	0	0	0	0	0	0	0	0
Nitzschia fluminesis	2	1	0	0	0	0	0	1	0	0	2	0	2	0	0
Nitzschia levidensis	0	0	0	0	1	0	0	0	0	0	0	0	0	2	0
Nitzschia pandurifromis	0	0	0	0	1	0	0	3	0	3	1	0	2	1	0
Nitzschia sociabilis	4	2	1	0	1	0	6	6	0	7	3	3	7	3	4
Nitzschia spp.	1	0	0	0	0	0	0	0	0	0	0	0	0	0	0
Paralia sulcata	7	13	11	0	18	0	13	7	16	20	8	13	6	29	22
Pinnularia spp.	0	1	1	0	0	0	0	0	0	0	0	0	0	0	1
Pinnularia virdis	1	0	1	0	2	0	1	0	0	0	0	0	0	0	0
Planktoniella blanda	3	2	0	0	1	0	1	0	0	1	0	1	1	5	0
Planothidium delicatulum	6	9	10	0	6	9	0	4	0	3	0	0	0	0	0
Pleurosigma angulatum	4	3	3	0	2	0	7	4	4	4	5	10	10	6	4
Podosira stelliger	2	0	0	0	0	0	4	5	2	0	1	0	0	1	3
Rhizosolenia acicularis	2	4	0	0	1	1	0	0	0	0	3	3	0	1	1
Rhoicosphenia abbreviata	0	0	0	0	1	0	0	0	0	0	0	0	0	0	0

续表

属种	E4	E4	Y1	Y4	Y5	Y6	X4	X5	X6	W1	W2	W3	W4	W5	W6
Rhopalodia gibba	1	0	0	0	0	0	0	0	0	0	0	0	0	0	0
Surirella armoricana	1	1	1	0	4	0	9	12	4	2	8	9	11	5	4
Surirella spp.	1	1	4	0	0	0	0	0	0	0	0	0	0	0	0
Synedra spp.	4	0	1	0	2	0	0	0	1	0	0	0	0	0	0
Synedra unla	0	1	4	0	9	0	0	0	0	1	1	1	0	0	1
Thalassionema nitzschioides	9	26	15	0	13	5	28	29	15	37	29	35	46	25	45
Thalassiosira eccentrica	2	3	3	0	2	0	4	5	3	5	8	8	5	8	5
Thalassiosira leptopus	0	4	1	0	2	0	12	6	6	10	6	17	13	18	8
Thalassiosira oestrupii	0	0	0	0	1	0	2	3	0	1	0	2	0	1	0
Trachyneis aspera	0	0	0	0	0	0	2	4	1	0	1	0	1	1	0
Tryblioptychus cocconeisformis	5	5	2	0	6	0	16	11	2	9	13	11	8	5	8
不确定种	0	0	0	0	5	2	0	0	1	0	0	0	0	0	0

表 C2 敖江口 1 月采样点表层沉积硅藻鉴定数据

属种	E2	E4	E5	Y1	Y2	Y3	Y4	Y5	Y6	X1	X2	X3	X4	X5	X6	W1	W2	W3	W4	W5	W6	M1	M2	M3
Achnanthes biasolettiana	0	3	0	0	0	0	0	0	0	0	0	0	0	0	0	0	0	0	0	0	0	0	0	0
Achnanthes clevei	0	0	0	0	1	0	0	0	0	0	0	0	0	0	0	0	0	0	0	0	0	0	0	0
Achnanthes hungariea	0	1	1	0	0	1	0	0	0	0	0	0	0	0	0	0	3	0	1	0	0	4	0	0
Achnanthes lanceolata	0	0	0	0	0	0	0	1	0	0	0	0	0	0	0	0	0	1	0	0	0	0	0	0
Achnanthes laterostrata	0	0	3	0	0	3	1	0	0	0	0	0	0	0	0	0	0	0	0	0	0	9	0	0
Achnanthes rupestoides	4	2	1	1	1	0	0	0	0	0	0	0	0	0	1	0	0	0	0	0	0	8	0	0
Achnanthes spp.	0	0	0	3	0	2	2	0	0	1	0	0	0	0	1	0	0	0	0	0	0	0	0	0
Achnanthes suchlandtii	2	10	4	2	0	3	0	0	0	1	1	1	3	1	2	5	2	1	0	3	0	32	5	0
Actinocyclus ellipticus	4	1	4	0	0	0	0	0	0	0	0	7	7	8	5	2	9	5	7	3	4	0	0	0
Actinocyclus kuetzingii	2	5	8	0	0	0	0	0	0	0	1	10	20	3	4	18	16	6	5	4	1	0	17	0
Actinocyclus octonarius	5	8	11	0	0	1	1	0	0	0	4	7	20	16	7	13	9	18	13	22	26	0	13	1
Actinoptychus splendens	1	1	1	0	0	0	0	0	0	0	0	0	3	0	0	1	0	1	0	0	1	0	0	0
Actinoptychus undulates	0	2	0	0	0	1	1	0	0	0	0	0	2	1	1	1	1	1	2	6	4	0	0	0
Amphora coffeaeformis	51	16	17	11	15	11	0	1	0	1	0	0	0	0	0	1	0	0	0	0	0	68	0	0
Aulacoseira granulata	9	6	6	0	0	0	0	0	0	0	1	1	1	4	2	1	1	2	0	0	1	0	0	0
Bacteriastrum varians	0	0	0	0	0	0	0	0	0	0	0	0	0	0	1	0	3	0	0	1	0	0	0	0
Biddulphia aurita	2	0	0	0	0	0	0	0	0	0	0	1	0	0	0	0	0	0	2	0	0	0	0	0

续表

属种	E2	E4	E5	Y1	Y2	Y3	Y4	Y5	Y6	X1	X2	X3	X4	X5	X6	W1	W2	W3	W4	W5	W6	M1	M2	M3
Cocconeis placentula	0	0	1	0	0	0	0	0	0	0	0	0	0	0	0	0	0	0	0	0	1	0	0	0
Cocconeis scutellum	0	1	6	1	0	0	0	0	0	0	1	0	1	0	2	5	3	3	0	3	3	16	3	0
Coscinodiscus argus	0	0	0	0	0	0	0	0	0	0	0	1	1	1	0	1	2	2	2	1	1	0	1	0
Coscinodiscus radiatus	1	0	0	0	0	0	0	0	0	0	3	0	3	1	0	1	2	0	2	2	2	0	0	0
Cyclotella striata	30	21	18	0	0	0	0	0	0	0	4	43	42	26	58	43	33	38	38	44	66	0	39	0
Cymbella affinis	3	5	5	0	0	0	0	0	0	0	0	0	0	0	1	0	1	1	1	1	1	0	0	0
Delphineis amphiceros	3	3	4	0	0	0	0	0	0	0	0	6	1	4	1	0	5	4	7	9	9	0	15	0
Denticula subtilis	2	0	1	0	0	0	0	0	0	0	0	0	0	0	0	0	0	0	0	0	0	0	0	0
Diploneis bombus	0	3	1	0	0	0	0	1	0	0	1	6	5	8	9	4	4	3	5	5	7	0	4	0
Diploneis chersonensis	1	0	1	1	0	0	0	0	0	0	0	0	0	0	1	0	0	1	0	0	0	1	0	0
Diploneis fusca	0	2	0	0	1	0	0	0	0	0	0	1	0	0	0	0	0	0	0	0	0	0	0	0
Diploneis papula	0	0	0	0	3	0	0	0	0	0	0	1	1	0	0	0	0	0	0	0	0	0	0	0
Diploneis smithii	0	0	0	0	0	0	0	0	0	0	0	0	0	1	1	0	0	0	0	2	0	0	0	0
Diploneis spp.	0	0	0	0	1	0	0	0	0	0	0	0	0	0	0	0	0	1	0	1	1	0	0	0
Entomoneis spp.	0	0	0	0	0	0	0	0	0	0	0	0	0	1	0	1	0	0	0	0	0	0	0	0
Epithemia goeppertiana	0	1	1	0	0	0	0	0	0	0	0	0	0	0	0	0	2	1	0	0	0	0	0	0
Eunotia spp.	0	0	1	0	0	0	0	0	0	0	0	0	1	0	0	0	0	0	2	0	0	0	0	0

续表

属种	E2	E4	E5	Y1	Y2	Y3	Y4	Y5	Y6	X1	X2	X3	X4	X5	X6	W1	W2	W3	W4	W5	W6	M1	M2	M3
Fragilaria capucina	4	3	1	0	0	0	0	0	0	0	6	10	3	1	0	4	1	1	10	7	0	0	0	0
Gomphonema spp.	0	2	2	0	0	0	0	0	0	0	0	0	0	0	0	0	0	0	0	0	0	0	0	0
Grammatophora ocanica	1	0	0	0	0	0	0	0	0	0	0	0	0	2	0	0	0	0	2	4	0	0	0	0
Hantzschia amphioxys	0	0	0	0	1	2	2	0	0	0	0	0	2	0	0	0	0	0	0	0	0	1	0	0
Licomphora spp.	0	1	0	0	0	0	0	0	0	0	0	0	0	0	0	0	0	0	0	0	0	0	0	0
Navicula concentrica	2	4	10	0	0	1	0	0	0	0	0	1	2	1	0	0	0	0	1	1	1	0	0	0
Navicula directa	0	4	1	0	1	0	0	0	0	0	0	0	2	0	0	0	0	2	0	0	1	0	3	0
Navicula duerrenbergiana	0	0	0	0	0	0	0	0	0	0	0	1	1	0	0	0	0	0	1	1	1	0	2	0
Navicula flanatica	0	0	0	0	4	0	0	0	0	0	0	0	0	0	0	0	0	0	0	0	0	0	0	0
Navicula placentula	0	1	0	3	0	1	1	0	0	0	0	0	2	0	0	0	0	0	0	0	0	0	0	0
Navicula spectabilis	3	0	3	1	4	1	0	1	0	0	0	1	0	0	0	0	0	0	0	1	0	5	1	0
Navicula spp.	0	2	0	0	0	0	0	4	0	0	0	1	5	2	2	0	1	0	0	0	0	0	1	1
Navicula tuscula	0	2	0	0	0	0	0	0	0	0	0	2	0	0	0	0	0	0	0	0	0	0	0	0
Nitzschia cocconeisformis	0	1	0	0	0	0	0	0	0	0	0	0	0	0	0	0	0	0	1	1	0	0	0	0
Nitzschia flexa	0	0	1	1	0	0	0	0	0	0	0	0	0	0	0	0	1	0	0	0	0	0	0	0
Nitzschia levidensis	0	0	0	0	0	0	0	0	0	0	0	0	0	0	0	0	0	0	0	0	0	0	0	0
Nitzschia paleacea	0	0	0	0	2	0	0	0	0	0	0	0	0	0	0	0	0	0	0	0	0	0	0	0

续表

属种	E2	E4	E5	Y1	Y2	Y3	Y4	Y5	Y6	X1	X2	X3	X4	X5	X6	W1	W2	W3	W4	W5	W6	M1	M2	M3
Nitzschia panduriformis	0	1	0	0	1	0	0	0	0	0	0	1	0	1	1	0	0	2	1	1	1	0	0	0
Nitzschia sociabilis	3	2	15	0	0	1	1	0	0	0	1	4	4	7	6	3	5	9	2	5	6	0	4	0
Nitzschia spp.	0	1	3	0	0	0	0	1	0	0	0	0	0	1	0	0	0	0	0	0	0	0	0	0
Paralia sulcata	20	15	19	0	0	0	0	0	0	5	24	16	10	36	30	13	26	16	19	9	13	0	1	0
Pinnularia spp.	0	1	4	0	0	0	0	0	0	0	0	0	0	0	1	0	0	1	0	0	1	0	0	0
Pinnularia virdis	0	1	2	0	0	0	0	0	0	0	0	0	0	0	0	0	0	0	0	0	0	0	0	0
Planktoniella blanda	1	2	0	0	0	0	0	0	0	0	0	3	4	0	5	1	1	2	2	0	5	0	3	0
Planothidium delicatulum	18	29	15	6	19	8	0	0	0	0	0	0	0	4	5	14	4	4	0	0	4	56	42	0
Pleurosigma angulatum	0	1	0	0	0	0	0	0	0	0	1	7	6	4	4	5	8	8	4	2	2	2	3	0
Podosira stelliger	0	0	0	0	0	0	0	0	0	0	0	0	1	0	0	0	0	1	0	0	0	0	0	0
Rhizosolenia acicularis	1	5	0	0	0	0	0	0	0	0	1	0	0	2	1	1	0	1	3	2	0	0	0	0
Rhopalodia gibba	0	0	0	0	0	0	0	0	0	0	0	0	1	0	0	0	0	0	0	0	0	0	0	0
Surirella armoricana	0	0	3	0	0	0	0	0	0	0	0	4	3	3	2	3	2	10	3	5	12	0	1	0
Surirella spp.	0	0	1	0	0	0	0	0	0	0	0	0	0	0	1	0	1	0	0	0	0	0	0	0
Synedra spp.	0	0	0	0	0	0	0	0	0	0	0	1	0	0	0	0	0	0	0	0	0	0	0	0
Synedra unla	1	1	0	0	0	0	0	0	0	0	0	0	2	0	0	0	0	0	0	0	0	1	0	0
Thalassiomema nitzschioides	18	16	16	0	0	0	0	1	1	3	5	37	27	47	44	27	26	38	40	41	24	0	44	0

续表

属种	E2	E4	E5	Y1	Y2	Y3	Y4	Y5	Y6	X1	X2	X3	X4	X5	X6	W1	W2	W3	W4	W5	W6	M1	M2	M3
Thalassiosira eccentrica	2	7	1	0	0	0	0	0	0	0	0	7	5	5	6	9	8	5	6	2	3	0	3	0
Thalassiosira leptopus	5	4	6	0	0	0	0	0	0	0	2	10	5	12	5	12	20	10	18	11	7	0	6	0
Thalassiosira oestrupii	1	0	2	0	5	0	0	0	0	0	7	5	0	0	0	4	1	1	0	2	0	0	4	0
Trachyneis aspera	0	2	0	0	0	0	0	0	0	0	0	1	0	4	0	2	0	0	2	3	0	0	0	0
Tryblioptychus coccomeisformis	0	5	5	0	0	0	0	0	0	0	1	3	7	3	0	8	9	16	5	11	0	0	0	0
不确定种	0	0	0	0	0	0	0	0	0	0	0	0	0	0	1	0	0	0	0	0	0	1	0	0

表 C3 敖江口 4 月采样点表层沉积硅藻鉴定数据

属种	E2	E5	Y3	X3	X4	X5	X6	W1	W2	W3	W4	W5	W6
Achnanthes biasolettiana	0	0	0	1	0	0	0	0	0	0	0	0	0
Achnanthes clevei	0	3	1	0	4	2	0	1	0	0	3	0	0
Achnanthes hungariea	0	4	0	0	1	1	1	0	0	2	0	1	0
Achnanthes lanceolata	0	0	0	1	0	0	0	0	0	0	0	0	0
Achnanthes laterostrata	0	0	1	0	0	0	1	0	0	0	0	0	0
Achnanthes rupestoides	0	0	0	0	0	0	0	1	1	0	0	0	0
Achnanthes spp.	0	7	5	0	0	0	0	2	0	0	1	0	0
Achnanthes suchlandtii	1	7	8	11	3	2	2	5	1	0	0	1	2
Actinocyclus ellipticus	0	6	1	1	8	1	0	3	5	4	3	3	3
Actinocyclus kuetzingii	0	2	0	1	8	1	1	24	11	17	1	5	4
Actinocyclus octonarius	9	14	4	9	18	15	1	22	14	16	15	9	18
Actinoptychus splendens	0	0	0	1	0	0	0	0	2	0	1	0	1
Actinoptychus undulates	0	0	1	0	5	10	1	4	6	3	4	1	2
Amphora coffeaeformis	0	9	6	2	0	0	0	0	0	0	0	0	0
Amphora spp.	0	0	0	7	0	2	0	0	0	0	0	0	0
Asteromphalus flabellatus	0	0	0	1	0	0	0	0	0	0	0	0	2
Aulacoseira granulata	0	11	3	19	5	5	0	1	0	3	2	0	1

续表

属种	E2	E5	Y3	X3	X4	X5	X6	W1	W2	W3	W4	W5	W6
Auliscus sculptus	0	0	0	0	0	1	0	0	0	0	0	0	0
Bacteriastrum varians	0	0	0	0	0	0	0	0	1	0	0	0	0
Biddulphia aurita	0	0	0	0	0	0	0	0	1	0	0	0	0
Campylodiscus brightwellii	0	0	0	0	0	0	0	0	0	0	0	0	1
Cocconeis placentula	0	2	1	2	0	0	0	2	1	1	0	0	0
Cocconeis scutellum	0	0	0	0	1	5	2	0	0	0	0	0	2
Coscinodiscus argus	0	0	0	0	0	0	0	1	0	0	0	1	0
Coscinodiscus radiatus	0	0	0	2	2	0	1	2	7	3	1	3	0
Cyclotella striata	27	31	12	22	29	41	18	35	33	35	65	91	48
Cymbella affinis	0	2	1	7	0	1	1	0	0	0	0	0	0
Delphineis amphiceros	0	1	1	0	3	6	0	6	9	9	3	1	3
Diploneis bombus	3	1	1	1	2	4	1	3	2	3	5	4	7
Diploneis chersonensis	0	1	0	0	0	0	0	0	0	0	0	0	0
Diploneis papula	0	0	0	0	0	0	0	1	2	0	0	1	0
Diploneis smithii	0	0	0	1	0	0	0	0	0	0	0	1	0
Diploneis spp.	1	0	0	0	0	0	0	0	0	2	0	0	0
Epithemia goeppertiana	0	0	0	0	0	0	0	0	0	0	0	0	1

续表

属种	E2	E5	Y3	X3	X4	X5	X6	W1	W2	W3	W4	W5	W6
Eunotia spp.	0	0	0	0	0	0	0	0	0	0	1	0	0
Fragilaria capucina	0	10	0	4	2	1	0	5	1	2	0	0	0
Gomphonema littorafe	0	1	0	0	1	5	0	0	0	0	0	0	4
Gomphonema parvulum	0	0	0	16	3	0	0	0	2	0	0	0	0
Gomphonema spp.	0	0	0	2	0	4	1	1	0	1	1	0	5
Grammatophora ocanica	0	0	0	1	0	2	1	0	0	1	0	0	0
Hantzschia amphioxys	0	1	0	0	0	0	0	0	0	0	0	1	0
Hydrosera triquetra	0	2	0	1	0	0	0	0	0	0	0	0	0
Licomphora spp.	1	1	0	0	0	0	0	0	0	0	0	4	0
Navicula concentrica	0	1	0	0	0	0	0	0	0	0	0	0	0
Navicula directa	0	0	1	0	0	0	0	0	0	0	0	0	1
Navicula duerrenbergiana	0	0	0	1	0	1	1	1	4	0	1	2	2
Navicula flanatica	0	0	0	0	0	0	0	0	0	0	0	0	0
Navicula laevissima	0	0	0	1	0	0	0	0	0	0	0	0	0
Navicula placentula	0	2	2	0	0	0	0	0	0	0	0	0	0
Navicula spectabilis	0	2	0	0	0	0	0	0	0	0	0	0	0
Navicula spp.	0	1	0	2	0	1	0	0	0	1	0	0	1

续表

属种	E2	E5	Y3	X3	X4	X5	X6	W1	W2	W3	W4	W5	W6
Navicula subcarinata	0	0	0	0	0	0	0	0	0	0	0	2	0
Navicula vulpina	0	1	0	1	1	0	0	0	2	0	1	1	3
Nitzschia cocconeisformis	1	0	0	0	0	0	0	0	0	0	0	0	1
Nitzschia fluminesis	0	0	0	0	0	0	0	2	0	0	0	0	2
Nitzschia levidensis	0	0	0	5	1	1	0	0	0	0	0	0	0
Nitzschia paleacea	0	0	0	0	0	0	1	0	0	0	0	0	0
Nitzschia panduriformis	0	0	0	0	1	1	0	0	1	2	1	0	3
Nitzschia sociabilis	2	3	1	2	4	2	2	0	5	3	1	1	4
Nitzschia spp.	0	0	0	0	1	0	0	0	0	0	0	0	0
Paralia sulcata	4	10	8	13	18	12	19	19	18	16	15	19	16
Pinnularia spp.	0	3	0	5	0	0	0	0	0	0	0	0	0
Pinnularia virdis	0	0	0	5	0	1	0	0	0	0	0	0	0
Planktoniella blanda	0	1	0	0	4	3	0	1	2	0	3	1	2
Planothidium delicatulum	0	17	24	3	0	0	0	2	0	0	0	0	0
Pleurosigma angulatum	0	0	0	1	3	3	1	4	12	8	7	1	4
Podosira stelliger	2	0	0	0	0	0	1	0	0	0	0	0	1
Rhizosolenia acicularis	0	1	0	2	4	3	0	3	2	1	2	0	4

续表

属种	E2	E5	Y3	X3	X4	X5	X6	W1	W2	W3	W4	W5	W6
Rhoicosphenia abbreviata	0	0	0	0	0	0	0	0	0	0	0	1	2
Surirella armoricana	2	1	0	2	8	7	2	2	3	9	8	10	4
Surirella spp.	0	0	0	0	0	1	3	0	0	0	0	0	0
Synedra spp.	0	2	1	5	2	0	0	0	0	1	1	2	1
Synedra unla	0	0	1	12	1	0	1	0	0	0	0	0	0
Thalassionema nitzschioides	8	23	7	21	43	31	8	23	36	30	38	23	35
Thalassiosira eccentrica	1	5	1	2	5	5	0	4	9	7	6	3	3
Thalassiosira leptopus	0	0	0	3	5	1	1	8	9	4	5	2	3
Thalassiosira oestrupii	0	1	0	1	1	3	0	2	0	0	0	0	2
Trachyneis aspera	0	0	0	0	1	0	0	2	0	1	0	0	0
Tryblioptychus cocconeisformis	3	8	1	1	4	16	0	11	5	20	5	3	8
不确定种	0	5	4	5	5	0	0	0	3	0	2	3	0

附录 D 敖江口表层环境数据

表 D1 敖江口表层采样点 2020 年 10 月、2021 年 1 月、2021 年 4 月环境数据

采样点		水深 (m)	水温 (℃)	pH	氧化还原电位 (mV)	电导率 (ms/cm)	浊度 (NTU)	溶解氧 (mg/L)	溶解性固体物 (g/L)	盐度 (ppt)	中值粒径 (μm)	岩性
2020 年 10 月	E4	4.6	21.27	8.06	238	39.3	71.8	7.56	24.0	24.98	3.04	黏土
	E4	1.5	21.25	8.04	245	37.6	108.0	8.08	22.9	23.77	3.28	黏土
	Y1	3.3	20.70	8.11	310	43.5	83.2	8.01	26.6	27.98	156.56	砂
	Y4	5.0	21.40	8.12	246	44.7	77.6	8.82	27.3	28.83	445.11	砂
	Y5	1.9	21.83	8.07	292	43.0	73.4	7.04	26.2	27.64	181.59	砂
	Y6	2.0	21.92	8.06	281	42.8	175.0	6.35	26.1	27.46	271.99	砂
	X4	6.0	21.12	8.02	309	43.3	60.5	6.80	26.4	27.79	2.16	黏土
	X5	5.3	21.29	8.05	300	43.5	73.8	6.82	26.5	27.94	4.72	粉砂
	X6	4.7	21.70	8.05	302	43.6	91.7	5.53	26.6	28.02	4.48	粉砂
	W1	9.0	20.84	8.12	251	42.8	71.3	6.15	26.1	27.42	6.00	粉砂
	W2	10.4	21.24	8.12	245	43.8	61.4	7.06	26.7	28.19	7.36	粉砂
	W3	10.1	21.35	8.12	244	44.8	50.2	6.30	27.3	28.92	2.72	黏土
	W4	9.7	21.38	8.12	239	45.3	66.7	5.98	27.6	29.24	2.91	黏土
	W5	9.0	21.28	8.12	257	46.0	46.4	7.60	28.1	29.75	1.21	黏土
	W6	6.8	21.61	8.12	266	45.3	73.7	7.19	27.6	29.28	2.95	黏土

续表

采样点		水深 (m)	水温 (℃)	pH	氧化还原电位 (mV)	电导率 (ms/cm)	浊度 (NTU)	溶解氧 (mg/L)	溶解性固体物 (g/L)	盐度 (ppt)	中值粒径 (μm)	岩性
	E2	5.8	11.02	8.09	275	47.1	228.0	7.20	28.7	29.90	134.92	砂
	E4	5.8	10.98	8.08	278	45.8	288.0	6.95	28.0	29.03	21.98	粉砂
	E5	6.0	10.92	8.08	276	45.6	330.0	7.67	27.8	28.86	12.71	粉砂
	Y1	4.8	10.94	7.95	299	44.7	186.0	9.62	27.3	28.27	247.73	砂
	Y2	4.5	11.43	7.97	300	44.7	131.0	8.10	27.3	28.28	221.89	砂
	Y3	5.0	11.77	8.07	287	45.0	127.0	7.78	27.5	28.54	230.48	砂
	Y4	6.7	12.23	8.10	293	46.0	128.0	9.83	28.1	29.31	469.65	砂
2021年1月	Y5	4.0	12.05	8.11	309	46.8	132.0	7.61	28.6	29.83	509.30	砂
	Y6	5.6	13.19	8.10	310	46.5	61.2	7.33	28.3	29.67	464.08	砂
	X1	7.6	10.98	8.23	354	46.4	141.0	8.01	28.3	29.43	256.29	砂
	X2	10.3	11.03	8.24	341	46.7	137.0	8.37	28.5	29.66	307.07	砂
	X3	10.5	11.15	8.24	325	46.6	149.0	8.02	28.4	29.57	345.22	砂
	X4	11.3	11.60	8.24	318	47.0	193.0	7.85	28.6	29.89	2.40	黏土
	X5	10.0	11.84	8.25	316	47.6	109.0	8.09	29.1	30.40	11.48	粉砂
	X6	9.3	12.27	8.25	316	47.5	96.4	7.53	29.0	30.33	3.16	黏土
	W1	11.7	11.51	8.24	282	45.9	59.8	8.63	28.0	29.14	3.25	黏土

续表

采样点		水深 (m)	水温 (℃)	pH	氧化还原电位 (mV)	电导率 (ms/cm)	浊度 (NTU)	溶解氧 (mg/L)	溶解性固体物 (g/L)	盐度 (ppt)	中值粒径 (μm)	岩性
2021年1月	W2	13.4	12.27	8.24	288	46.7	111.0	8.09	28.5	29.74	3.47	黏土
	W3	13.7	12.18	8.24	290	46.8	152.0	7.76	28.5	29.80	2.99	黏土
	W4	13.2	12.06	8.24	294	47.0	206.0	7.82	28.7	29.99	3.12	黏土
	W5	15.6	12.63	8.24	295	46.6	107.0	7.16	28.4	29.75	3.10	黏土
	W6	17.0	12.56	8.24	296	47.1	86.8	7.40	28.7	30.08	2.56	黏土
	M1	3.8	10.17	7.50	317	43.9	131.0	10.87	26.8	27.58	351.79	砂
	M2	6.0	10.33	8.02	378	44.3	121.0	9.66	27.0	27.90	14.17	粉砂
	M3	7.0	11.97	8.23	280	44.6	115.0	8.64	27.2	28.26	203.87	砂
2021年4月	E2	4.2	20.03	8.23	205	44.4	55.8	6.66	27.1	28.61	177.20	砂
	E5	3.8	20.29	8.23	207	43.3	39.9	6.18	26.4	27.82	18.83	粉砂
	Y3	4.8	20.90	8.20	213	44.4	42.3	5.87	27.1	28.60	185.13	砂
	X3	9.8	19.65	8.46	279	46.8	28.7	7.01	28.6	30.31	2.44	黏土
	X4	9.3	19.61	8.43	277	47.5	24.4	6.15	29.0	30.79	0.96	黏土
	X5	7.5	19.59	8.44	280	47.9	30.6	6.84	29.2	31.08	6.69	粉砂
	X6	6.4	20.11	8.42	283	47.4	37.8	6.36	28.9	30.74	4.64	粉砂
	W1	12.0	20.41	8.49	263	47.1	11.3	7.81	28.7	30.53	5.84	粉砂

续表

采样点		水深(m)	水温(℃)	pH	氧化还原电位(mV)	电导率(ms/cm)	浊度(NTU)	溶解氧(mg/L)	溶解性固体物(g/L)	盐度(ppt)	中值粒径(μm)	岩性
2021年4月	W2	13.2	19.92	8.48	253	47.3	13.9	8.27	28.9	30.70	3.28	黏土
	W3	13.8	19.58	8.47	259	48.2	14.0	8.15	29.4	31.27	2.89	黏土
	W4	13.4	19.19	8.45	270	48.2	21.8	7.69	29.4	31.28	1.90	黏土
	W5	11.3	19.44	8.43	260	47.8	13.5	6.83	29.1	30.97	3.43	黏土
	W6	9.0	19.82	8.20	287	47.2	15.0	8.21	28.8	30.60	5.43	粉砂

表 E1 敖江口 HK3 岩芯硅藻鉴定数据

属种	0 / 1	5 / 6	10 / 11	15 / 16	20 / 21	25 / 26	30 / 31	35 / 36	40 / 41	45 / 46	50 / 51	55 / 56	60 / 61	65 / 66	70 / 71	75 / 76	80 / 81	85 / 86	90 / 91	95 / 96
Achnanthes hungeriea	2	1	4	2	5	0	0	2	1	4	1	0	0	0	2	1	1	0	0	2
Achnanthes lanceolata	0	1	0	1	1	0	0	0	0	0	0	0	0	1	0	1	0	0	0	3
Achnanthes rupestoides	1	0	0	0	0	0	0	1	0	0	0	0	0	0	0	2	0	0	0	0
Achnanthes spp.	0	1	3	0	9	0	6	1	1	3	0	0	0	1	3	6	0	0	3	0
Achnanthes suchlandtii	4	6	4	6	13	3	2	10	18	3	5	4	2	16	15	8	10	3	6	11
Actinocyclus ellipticus	3	0	0	0	0	0	0	0	0	0	0	0	0	0	0	0	0	0	0	0
Actinocyclus kuetzingii	2	0	3	7	0	13	8	12	3	4	0	0	2	0	0	0	2	0	3	1
Actinocyclus octonarius	13	3	8	22	12	14	21	13	18	16	10	4	4	12	18	14	13	20	11	10
Actinocyclus splendens	1	0	0	0	0	0	0	0	0	0	0	0	0	0	0	0	0	0	0	1
Actinopgclus undulates	2	0	4	4	1	4	3	1	3	1	0	1	3	1	2	2	4	1	2	1
Amphora coffeaeformis	4	4	18	8	5	1	1	5	5	15	10	7	2	9	8	14	5	6	3	5
Amphora spp.	0	2	0	0	0	0	0	0	0	0	0	0	0	0	0	0	0	0	0	0
Aulacosira granulata	3	1	12	5	7	6	10	1	1	6	5	4	0	1	0	0	0	0	0	0

续表

属种	0 / 1	5 / 6	10 / 11	15 / 16	20 / 21	25 / 26	30 / 31	35 / 36	40 / 41	45 / 46	50 / 51	55 / 56	60 / 61	65 / 66	70 / 71	75 / 76	80 / 81	85 / 86	90 / 91	95 / 96
Biddulphia aurita	0	0	0	1	0	4	6	2	1	1	0	1	0	0	0	0	1	1	2	0
Biddulphia spp.	0	0	0	0	1	0	0	0	0	0	0	0	0	0	0	0	0	0	0	0
Cocconeis placentula	0	0	0	1	1	2	0	1	2	0	2	1	5	1	0	0	0	3	3	1
Cocconeis pseudomarginata	0	0	0	0	0	0	0	0	0	0	0	0	0	0	1	0	0	0	0	0
Cocconeis scutellum	0	1	0	4	1	4	0	1	3	6	0	1	1	0	1	7	1	1	0	1
Coscinodiscus argus	0	0	0	0	0	0	0	0	2	0	0	1	0	0	0	0	2	0	0	0
Coscinodiscus radiatus	3	0	1	0	12	2	9	6	9	1	3	0	3	3	3	1	4	2	4	5
Coscinodiscus spp.	0	0	0	0	0	0	4	0	0	0	0	0	0	0	0	0	0	0	2	0
Cyclotella striata	37	13	32	27	14	37	20	31	34	25	19	28	37	30	32	41	36	40	30	45
Cymbella affinis	10	0	4	4	4	5	4	3	3	2	1	2	20	10	11	9	11	6	12	9
Cymbella spp.	1	0	0	0	0	0	0	0	0	0	0	0	0	0	0	0	0	0	0	0
Delphineis amphiceros	0	0	2	3	0	2	3	0	2	1	0	3	1	2	2	2	2	1	3	4
Denticula subtilis	0	0	0	0	0	0	0	0	0	2	1	0	0	0	0	0	0	0	0	0
Diploneis bombus	1	0	5	1	1	5	3	3	3	0	3	1	1	2	2	2	3	6	0	0
Diploneis fusca	2	0	0	0	0	0	0	2	0	0	0	0	1	0	3	2	0	2	2	3
Diploneis papula	0	0	0	0	3	0	0	2	0	0	0	0	0	0	0	0	1	0	0	0

属种	0—1	5—6	10—11	15—16	20—21	25—26	30—31	35—36	40—41	45—46	50—51	55—56	60—61	65—66	70—71	75—76	80—81	85—86	90—91	95—96
Diploneis smithii	0	0	2	0	0	3	0	0	0	0	0	0	1	1	2	1	2	0	0	0
Diploneis spp.	0	0	0	0	0	0	0	0	0	0	0	0	0	0	0	0	1	0	0	0
Epithemia geoppettiana	0	0	0	0	0	0	0	0	2	0	0	0	0	0	0	0	0	0	0	0
Epithemia spp.	2	0	0	0	0	0	0	0	0	0	0	0	0	0	0	0	0	0	2	0
Eunotia spp.	2	0	0	0	0	1	0	1	0	0	1	0	2	1	1	0	0	0	0	0
Fragilara capucina	1	0	0	0	0	0	3	0	1	9	2	0	1	8	1	2	0	2	0	0
Fragilara spp.	0	0	0	0	0	3	0	0	0	0	0	0	0	0	0	0	0	0	0	0
Gomphonema parvulum	2	0	4	1	2	3	2	5	5	3	3	2	7	18	10	10	9	7	6	8
Gomphonema spp.	1	0	0	0	0	0	0	0	0	0	0	0	0	0	0	0	0	0	2	0
Grammatophora oceanica	1	0	0	0	0	0	0	0	0	1	1	1	1	0	0	0	0	0	0	0
Hantzschia amphioys	0	0	0	0	0	0	1	0	0	0	0	0	3	0	0	2	2	1	1	0
Hydrosera triquetra	0	0	0	0	0	0	1	0	0	0	0	0	0	0	0	0	1	0	0	0
Mastogloia spp.	0	0	0	0	0	0	0	0	0	0	0	0	0	1	0	0	0	0	0	0
Navicula cocentriaca	0	0	0	0	0	0	3	0	3	0	0	0	0	0	0	0	0	2	4	1
Navicula directa	0	0	0	0	0	1	0	0	0	0	0	0	0	0	0	0	0	2	0	0
Navicula duerrenbergiana	0	0	0	0	0	0	0	0	0	0	0	0	0	0	0	0	0	1	0	0

续表

属种	0—1	5—6	10—11	15—16	20—21	25—26	30—31	35—36	40—41	45—46	50—51	55—56	60—61	65—66	70—71	75—76	80—81	85—86	90—91	95—96
Navicula heimansioides	0	0	0	0	0	0	0	0	0	0	0	0	0	1	0	0	0	1	0	0
Navicula laevissima	0	0	0	0	0	0	0	0	0	0	0	0	2	0	0	0	1	0	1	0
Navicula placentula	0	0	7	5	0	2	0	3	2	0	0	1	2	1	1	1	4	17	4	6
Navicula spectabilis	5	0	1	5	5	1	2	5	4	3	2	4	1	1	1	1	1	2	3	1
Navicula spp.	5	3	6	2	5	2	1	3	7	4	7	1	5	7	7	2	0	1	12	5
Navicula tuscula	1	0	2	2	0	1	0	1	1	0	0	1	0	0	0	0	1	2	1	0
Navicula vulpina	0	0	2	0	0	0	0	0	1	0	0	0	1	0	0	0	0	0	0	1
Nitzschia cocconeisformis	0	0	0	0	0	0	0	0	0	0	0	0	0	0	0	0	0	0	1	0
Nitzschia fluminesis	0	0	0	0	0	0	0	0	0	1	1	0	0	0	0	0	0	0	0	0
Nitzschia lenvidensis	0	0	0	0	0	0	1	0	0	3	0	0	0	3	0	1	0	1	0	0
Nitzschia panduriformis	3	0	4	4	1	0	0	0	1	1	1	0	0	0	4	0	1	3	0	3
Nitzschia sociabilis	3	0	0	0	1	5	2	3	1	2	3	2	7	3	4	5	2	5	5	5
Nitzschia spp.	0	0	0	0	0	0	0	0	0	0	0	0	0	0	0	0	0	0	0	0
Nitzschia flexa	0	0	0	0	0	0	0	0	0	2	0	0	0	0	0	0	0	0	0	0
Odontella obtusa	0	0	0	0	0	0	0	0	0	0	0	0	0	0	0	0	0	0	0	1
Paralia sulcata	14	4	14	11	9	9	21	18	17	9	6	8	12	5	8	7	10	16	13	13

属种	0—1	5—6	10—11	15—16	20—21	25—26	30—31	35—36	40—41	45—46	50—51	55—56	60—61	65—66	70—71	75—76	80—81	85—86	90—91	95—96
Pinnularia spp.	0	0	0	0	0	0	0	0	0	2	1	0	2	0	3	0	3	1	0	0
Pinnularia virdis	0	0	0	0	2	0	1	0	1	0	0	0	0	3	0	2	0	1	0	1
Planktoniella blanda	0	0	0	5	0	1	3	7	1	3	0	0	0	0	0	0	3	1	0	0
Planothidium delicatulum	9	35	19	29	56	11	12	3	9	17	15	31	5	13	4	7	5	5	3	12
Pleurosigma angulatum	1	1	1	1	0	3	2	1	3	3	0	0	3	0	1	0	0	1	4	1
Podosira stelliger	0	0	0	1	2	0	2	0	7	1	0	1	0	0	0	0	1	0	1	0
Rhizosolenia acicularia	1	1	0	0	1	3	0	4	2	4	1	2	0	2	3	1	3	2	0	1
Rhoicosphenia abbreviata	0	0	0	0	0	0	0	0	0	1	0	0	0	0	0	0	0	0	0	0
Rhopalodia spp.	0	0	0	0	0	1	0	0	0	0	0	0	0	0	0	0	0	0	0	0
Stauroneis spp.	0	0	1	0	0	0	1	0	1	0	0	0	2	0	0	1	1	0	0	0
Surirella armoricana	4	0	3	3	1	2	3	4	4	3	0	0	3	5	7	5	4	6	4	1
Syndra spp.	0	3	0	1	0	2	0	2	0	0	0	4	0	0	0	0	0	0	0	0
Syndra unla	6	0	4	0	1	0	2	0	5	3	5	1	23	7	8	5	11	1	8	7
Thalassiomema nitzschioides	35	9	15	26	19	26	22	20	15	28	22	15	23	23	23	24	25	19	17	25
Thalassiora spp.	3	0	1	0	0	0	0	0	0	0	0	0	0	0	0	0	0	0	0	0
Thalassiosira eccentrica	4	1	4	2	0	2	2	14	3	4	5	5	5	3	0	4	8	2	3	1

续表

属种	0—1	5—6	10—11	15—16	20—21	25—26	30—31	35—36	40—41	45—46	50—51	55—56	60—61	65—66	70—71	75—76	80—81	85—86	90—91	95—96
Thalassiosira leptopus	3	0	3	0	1	3	4	1	1	4	2	4	2	2	4	4	4	2	13	3
Thalassiosira oestrupii	0	0	0	0	0	1	0	0	0	1	0	0	0	0	0	0	0	0	0	1
Trachyneis aspera	0	0	0	1	1	1	1	0	0	0	0	0	3	1	2	1	0	1	2	0
Tryblioptychus cocconeformis	2	1	5	7	1	9	7	8	9	5	2	0	3	0	2	7	2	3	4	5
不确定种	6	3	4	2	5	4	5	5	5	0	2	2	5	4	5	1	4	3	4	2

注：第一行是深度，单位为 cm，如 0—1 为 0—1cm 深度。

表E2　敖江口NT1岩芯硅藻鉴定数据

属种	0—1	5—6	10—11	15—16	20—21	25—26	30—31	35—36	40—41	45—46	50—51	55—56	60—61	65—66	70—71	75—76	80—81	85—86	90—91	95—96
Achnanthes biasolettiana	0	0	0	0	0	0	0	0	0	0	0	0	0	0	0	0	0	3	0	0
Achnanthes hungeriea	15	35	39	6	36	3	13	11	7	14	13	14	14	14	26	12	15	13	3	0
Achnanthes lanceolata	0	0	0	0	0	0	0	0	0	0	0	0	0	1	2	0	0	0	0	0
Achnanthes spp.	4	0	5	0	11	0	4	2	4	6	6	0	8	0	5	3	6	0	0	3
Achnanthes suchlandtii	1	1	0	0	2	3	0	4	2	2	0	0	0	1	3	3	0	21	7	4
Actinocyclus kuetzingii	5	10	6	5	3	2	8	9	2	3	4	2	8	5	2	4	4	2	0	0
Actinocyclus octonarius	25	26	24	18	13	20	18	24	22	16	24	13	8	14	8	14	10	8	0	1
Actinoptychus spp.	0	0	0	0	1	0	0	0	1	0	0	0	0	0	0	0	0	0	0	0
Actinoptychus undulates	5	0	0	4	0	3	6	2	1	0	0	3	2	1	2	0	7	0	0	0
Actionptychus splendens	1	0	0	2	1	0	2	1	0	0	2	0	1	1	1	0	2	0	0	0
Amphora coffeaeformis	11	7	3	5	2	3	2	2	4	7	5	1	0	6	3	5	6	19	107	23
Amphora spp.	0	0	0	0	0	0	0	0	0	0	0	2	0	0	0	1	0	0	0	0
Aulacosira granulata	19	9	33	24	40	18	16	8	26	11	21	25	55	21	46	42	7	6	6	0
Biddulphia aurita	0	1	1	0	0	0	0	0	0	0	4	0	0	0	0	0	0	0	0	0
Biddulphia reticulum	0	0	0	0	0	0	0	1	0	0	0	0	0	0	0	0	0	0	0	0
Cocconeis placentula	0	2	0	1	1	0	3	1	2	2	2	1	1	1	2	1	2	0	0	0

属种	95 / 96	90 / 91	85 / 86	80 / 81	75 / 76	70 / 71	65 / 66	60 / 61	55 / 56	50 / 51	45 / 46	40 / 41	35 / 36	30 / 31	25 / 26	20 / 21	15 / 16	10 / 11	5 / 6	0 / 1
Cocconeis scutellum	0	3	2	6	10	2	10	2	8	3	11	7	6	1	6	1	10	7	4	0
Coscinodiscus spp.	0	0	0	0	0	0	0	0	0	0	0	0	0	0	0	1	0	0	1	0
Coscinodiscus argus	0	0	0	0	0	0	0	0	0	0	0	0	0	0	1	0	0	0	1	0
Coscinodiscus radiatus	0	1	1	2	1	0	1	1	0	3	2	7	1	1	0	0	2	3	0	1
Cyclotella striata	4	3	18	32	27	20	24	21	32	23	42	31	38	33	26	15	28	22	25	23
Cymbella affinis	0	3	0	2	0	9	1	2	0	0	0	0	2	4	9	1	0	1	0	2
Delphineis amphiceros	0	0	2	0	0	0	1	2	3	1	5	3	4	3	1	2	6	2	1	0
Denticula subtilis	0	6	0	1	0	0	0	0	0	4	0	2	0	0	0	0	0	1	0	0
Diploneis bombus	0	1	0	2	1	3	3	1	1	1	1	4	2	5	4	2	3	3	4	0
Diploneis chersonensis	0	0	0	0	0	0	3	0	1	2	2	0	0	1	3	0	0	1	1	1
Diploneis fusca	0	0	0	0	0	3	1	0	1	0	0	2	0	0	2	1	1	0	0	0
Diploneis paplua	0	0	0	1	0	0	0	0	0	0	0	0	0	0	0	0	0	0	0	0
Diploneis smithii	0	0	0	0	1	0	0	0	0	0	1	0	0	0	0	0	0	1	0	0
Diploneis spp.	0	1	1	0	0	0	0	0	0	1	1	0	0	0	0	0	0	0	1	0
Epithema goeppertiana	0	0	1	0	0	0	0	0	0	0	1	0	0	0	0	0	1	0	1	0
Epithema spp.	0	0	0	0	0	0	0	0	0	0	0	0	0	0	0	1	0	1	0	1

续表

属种	0—1	5—6	10—11	15—16	20—21	25—26	30—31	35—36	40—41	45—46	50—51	55—56	60—61	65—66	70—71	75—76	80—81	85—86	90—91	95—96
Eunotia spp.	0	0	0	0	0	0	0	0	0	0	0	1	0	0	0	0	0	2	0	0
Fragilaria capucina	0	0	0	0	0	3	0	10	4	1	5	0	1	1	1	0	2	0	8	0
Gomphonema parvulum	0	1	0	7	0	3	4	3	0	1	2	0	1	0	3	0	1	0	0	0
Gomphonema spp.	0	0	0	0	0	3	0	0	0	0	0	2	0	1	0	0	0	0	0	0
Grammatophora oceanica	0	0	0	3	0	2	1	0	0	0	0	0	0	0	0	0	0	1	0	0
Navicucla directa	0	0	0	0	0	0	0	0	0	0	0	0	0	0	0	0	0	1	0	0
Navicula concentriaca	0	0	0	0	0	0	0	0	0	3	0	0	0	0	0	1	0	5	2	0
Navicula duerrenbergiana	0	0	0	3	0	2	0	0	0	0	0	0	0	0	0	0	0	0	0	0
Navicula flanatica	0	0	0	0	0	0	0	1	0	0	0	1	1	0	0	0	0	0	0	0
Navicula laevissima	0	0	0	0	0	0	0	0	0	0	0	0	0	1	0	0	0	0	0	0
Navicula parpebrails	0	0	0	0	0	0	0	1	0	0	0	0	0	0	0	0	0	0	0	0
Navicula placentula	4	2	2	2	2	0	3	1	1	1	2	4	3	6	0	1	2	2	0	0
Navicula spectabilis	2	2	3	1	1	3	2	1	1	2	1	2	0	1	0	1	2	1	5	0
Navicula spp.	4	2	0	2	2	7	4	6	2	1	3	7	2	5	5	1	4	11	0	0
Navicula tuscula	0	0	1	2	0	0	0	1	0	0	2	1	1	5	0	2	1	1	1	0
Navicula vulpina	1	0	0	0	0	0	2	0	0	0	0	0	1	0	0	0	0	0	0	0

续表

属种	0—1	5—6	10—11	15—16	20—21	25—26	30—31	35—36	40—41	45—46	50—51	55—56	60—61	65—66	70—71	75—76	80—81	85—86	90—91	95—96
Nitzschia cocconeisformis	3	5	0	6	1	0	3	2	10	12	2	3	3	1	2	1	2	5	0	0
Nitzschia denticula	0	5	0	0	0	0	0	0	0	1	0	2	0	1	0	0	0	0	0	0
Nitzschia flexa	2	1	1	0	1	0	0	0	2	0	3	0	7	1	0	0	0	0	0	0
Nitzschia fluminesis	0	0	0	0	1	0	0	0	0	4	0	0	0	0	0	0	0	1	1	0
Nitzschia lenvidensis	0	0	0	4	8	3	4	2	1	2	2	5	0	1	0	0	0	1	2	0
Nitzschia paleacea	2	0	1	0	5	0	0	0	0	0	0	0	2	0	2	0	0	0	0	0
Nitzschia panduriformis	0	0	0	0	0	0	0	0	0	1	0	4	0	0	0	1	1	1	4	0
Nitzschia sigma	0	0	0	0	0	0	0	0	10	1	0	0	0	0	0	0	0	0	0	0
Nitzschia sociabilis	5	6	5	3	3	5	4	4	0	1	2	5	9	7	5	6	5	6	4	0
Nitzschia spp.	1	0	0	0	0	0	0	0	0	0	0	0	2	0	0	0	0	0	0	0
Paralia sulcata	15	12	15	6	10	12	6	9	9	10	3	5	14	12	6	9	13	7	3	0
Pinnularia spp.	0	0	3	0	3	7	0	1	0	0	0	0	0	0	0	0	0	0	0	0
Pinnularia virdis	0	0	0	0	0	0	3	0	0	0	0	0	1	0	0	1	1	0	1	0
Planktoniella blanda	5	2	1	1	0	0	1	2	0	2	2	2	0	2	0	0	0	0	0	0
Planothidium delicatulum	12	17	7	8	3	6	5	4	1	2	13	11	9	15	10	10	6	35	11	9
Pleurosigma angulatum	0	1	0	1	0	0	0	3	0	2	2	3	0	0	2	0	0	1	0	0

续表

属种	0—1	5—6	10—11	15—16	20—21	25—26	30—31	35—36	40—41	45—46	50—51	55—56	60—61	65—66	70—71	75—76	80—81	85—86	90—91	95—96
Podosira stelliger	0	0	0	0	0	0	0	0	0	4	0	0	0	0	0	0	0	0	0	1
Rhizosolenia acicularia	1	0	3	0	0	0	1	1	3	0	1	1	1	1	2	1	1	1	0	0
Rhopalodia spp.	0	0	0	1	0	0	0	0	0	0	0	0	0	0	0	0	0	0	0	0
Staruroneis spp.	0	0	0	0	0	1	0	0	0	0	0	1	0	0	0	0	1	1	0	0
Surirella armoricana	3	1	3	3	6	1	2	0	9	1	5	4	1	3	2	4	5	0	0	0
Syndra spp.	0	1	0	0	0	0	0	0	0	0	0	0	0	0	0	0	0	0	3	0
Syndra unla	3	0	7	0	4	4	5	2	2	2	5	4	0	1	2	0	6	0	0	0
Tarchyneis aspera	0	1	0	1	0	2	0	0	0	0	0	0	0	2	0	0	0	0	0	0
Thalassionema nitzschioides	15	13	12	13	13	24	21	17	8	20	17	17	11	19	8	21	25	17	11	1
Thalassiosira eccentrica	0	3	2	6	0	3	5	5	0	1	6	3	1	1	1	6	3	0	0	1
Thalassiosira leptopus	1	0	4	5	5	2	3	4	4	6	3	1	4	2	7	7	7	2	1	1
Thalassiosira oestrupii	0	0	0	0	0	1	0	0	0	1	0	0	0	0	0	0	0	0	0	0
Tryblioptychus cocconeisformis	7	3	5	7	4	2	6	2	3	7	2	2	4	5	5	3	7	0	0	0
不确定种	5	0	5	4	5	5	3	4	5	3	5	2	0	2	4	1	5	6	3	0

注:第一行是深度,单位为cm,如0|1为0|1cm深度。

表 E3 敖江口 TT1 岩芯硅藻鉴定数据

属种	10/11	15/16	20/21	25/26	30/31	35/36	40/41	45/46	50/51	55/56	60/61	65/66	70/71	75/76	80/81	85/86	90/91	95/96
Achnanthes hungeriea	0	0	0	0	0	1	0	1	1	1	0	0	0	2	0	0	0	1
Achnanthes lanceolata	0	0	0	0	0	0	0	0	0	0	0	0	0	0	1	0	0	0
Achnanthes spp.	7	3	4	4	0	0	1	10	0	0	3	2	3	0	0	0	0	0
Achnanthes suchlandtii	15	13	16	12	2	7	18	14	5	8	13	10	5	0	11	11	4	9
Actinocyclus kuetzingii	1	8	0	3	1	11	4	4	8	9	1	5	2	0	0	1	2	0
Actinocyclus octonarius	7	8	0	8	22	9	11	9	16	17	6	10	4	1	6	4	4	4
Actinoptychus splendens	0	0	0	0	0	0	0	2	0	0	1	0	0	0	0	0	1	0
Actinoptychus undulates	0	1	0	0	7	1	2	0	1	2	0	2	2	0	0	1	3	0
Amphora cof feaeformis	38	33	51	33	4	9	25	22	7	7	10	19	0	1	8	6	9	1
Aulacosira granulata	0	0	0	0	1	0	0	1	1	0	1	3	0	0	1	0	1	0
Biddulphia aurita	0	2	0	0	0	1	0	1	0	0	0	1	0	0	0	0	0	1
Cocconeis placentula	0	0	0	0	3	0	4	0	0	0	0	2	1	0	0	0	0	0
Cocconeis scutellum	0	0	0	0	3	0	0	0	0	1	0	2	0	0	0	1	0	2
Coscicnodiscus spp.	0	0	0	0	0	0	0	0	0	0	0	0	0	0	2	0	0	0
Coscinodiscus argus	0	0	0	0	0	0	0	0	0	3	0	0	0	0	0	0	0	0
Coscinodiscus radiatus	1	1	0	0	2	5	2	4	6	4	0	3	0	3	0	1	4	1

续表

属种	10 / 11	15 / 16	20 / 21	25 / 26	30 / 31	35 / 36	40 / 41	45 / 46	50 / 51	55 / 56	60 / 61	65 / 66	70 / 71	75 / 76	80 / 81	85 / 86	90 / 91	95 / 96
Cyclotella striata	4	14	0	13	41	42	19	18	32	37	15	31	18	27	40	44	88	23
Cymella affinis	0	0	0	0	1	4	0	4	0	4	1	5	2	1	0	2	0	10
Delphineis amphiceros	0	0	0	1	7	2	2	0	3	2	0	3	0	0	0	2	0	0
Denticula subtilis	0	0	0	1	0	0	0	0	0	0	0	1	0	0	0	0	0	0
Diploneis bombus	0	0	1	5	6	5	2	2	1	1	1	4	1	0	1	0	0	1
Diploneis chersonensis	0	0	0	0	0	0	0	0	0	3	0	0	2	0	0	0	0	0
Diploneis paplua	0	1	0	0	0	0	1	1	0	0	0	0	0	0	1	0	1	0
Diploneis smithii	0	0	0	0	1	2	0	0	0	0	0	0	0	0	0	0	0	0
Diploneis spp.	0	0	0	1	0	0	0	0	1	0	0	0	0	0	0	0	0	0
Epithema goeppertiana	0	0	0	0	0	0	0	0	0	0	0	0	0	0	0	0	0	1
Epithema spp.	0	1	0	0	0	0	0	0	0	0	0	0	0	0	0	0	0	0
Fragilaria capucina	0	0	0	3	2	2	2	3	3	1	2	0	1	0	0	0	0	1
Gomphonema parvulum	2	0	0	0	0	0	1	0	0	0	0	0	0	0	0	0	0	1
Hantzschia amphioys	0	0	0	0	0	1	1	0	0	0	0	3	0	0	0	0	0	0
Licomphora spp.	0	1	0	0	0	0	0	0	0	0	0	2	0	0	0	0	1	0
Navicula concentriaca	0	0	0	0	0	0	0	0	0	0	0	0	0	0	0	0	0	0

属种	10—11	15—16	20—21	25—26	30—31	35—36	40—41	45—46	50—51	55—56	60—61	65—66	70—71	75—76	80—81	85—86	90—91	95—96
Navicula declivis	0	0	0	0	0	0	0	0	0	0	0	0	0	0	0	0	0	2
Navicula directa	0	1	0	0	0	0	0	0	0	0	0	0	0	0	0	0	0	0
Navicula duerrenbergiana	0	2	0	0	0	0	0	0	0	0	0	0	0	0	0	0	0	0
Navicula placentula	1	1	0	2	5	1	0	0	1	2	0	0	0	0	0	0	0	1
Navicula spectabilis	3	2	6	4	0	4	3	1	2	2	3	1	2	2	3	3	3	1
Navicula spp.	1	0	0	1	6	0	0	4	2	5	1	0	0	0	0	0	0	0
Navicula tuscula	0	0	0	1	1	0	2	1	0	0	0	0	0	0	0	0	0	0
Navicula vulpina	0	0	0	0	0	0	0	0	0	1	0	0	0	0	0	0	0	0
Nitzschia cocconeisformis	1	0	0	0	2	0	0	0	0	0	1	0	0	0	0	0	0	1
Nitzschia panduriformis	1	0	0	0	0	0	1	0	0	0	0	2	0	0	0	0	0	0
Nitzschia sociabilis	0	2	0	3	2	2	0	1	3	1	0	3	1	1	1	0	0	2
Odontella abtusa	0	0	0	0	0	0	0	0	0	0	0	0	1	0	0	0	0	0
Paralia sulcata	1	6	0	5	8	11	6	13	14	8	5	13	5	2	5	4	6	5
Pinnularia spp.	0	0	0	0	0	0	0	0	0	0	0	0	0	0	0	0	0	4
Planktoniella blanda	0	1	0	0	2	0	1	2	1	2	0	3	0	0	0	1	0	0
Planothidium delicatulum	106	68	120	73	21	43	48	38	54	28	21	31	12	6	25	28	22	12

续表

属种	10—11	15—16	20—21	25—26	30—31	35—36	40—41	45—46	50—51	55—56	60—61	65—66	70—71	75—76	80—81	85—86	90—91	95—96
Pleurosigma angulatum	0	0	0	0	3	0	0	0	2	1	0	2	0	0	0	0	0	0
Podosira stelliger	0	0	0	2	1	0	0	0	1	0	0	0	0	0	0	0	0	0
Rhizosolenia acicularia	1	2	0	3	3	7	4	5	4	6	4	3	3	0	0	1	1	0
Surirella armoricana	0	1	0	3	3	2	2	0	3	3	0	3	0	0	2	0	1	0
Syndra spp.	0	0	0	0	0	0	0	0	0	0	0	0	0	0	0	0	0	4
Syndra unla	2	2	0	0	0	0	0	1	0	0	0	0	3	0	0	1	0	0
Tarchyneis aspera	0	0	0	0	0	1	0	0	3	0	0	0	0	0	0	0	1	0
Thalassionema nitzschioides	5	15	1	13	20	17	21	19	13	17	10	20	6	14	12	6	8	12
Thalassiosira eccentrica	0	3	0	0	5	3	3	2	3	5	0	7	4	1	4	7	21	1
Thalassiosira leptopus	0	2	0	2	11	3	3	1	1	4	1	4	1	1	2	5	15	5
Thalassiosira oestrupii	0	0	0	0	0	0	0	0	0	2	0	0	0	0	0	1	0	0
Tryblioptychus cocconeisformis	0	4	0	0	3	5	11	12	12	17	0	2	2	0	1	1	0	1
不确定种	5	5	5	5	5	4	4	5	1	1	0	5	1	3	2	3	5	5

注:第一行是深度,单位为cm,如0—1为0—1cm深度。